高 等 学 校 规 划 教 材

压力容器安全技术

喻健良　闫兴清　伊 军　钟 华　编著

U0229124

化学工业出版社

·北京·

《压力容器安全技术》以压力容器的安全技术为基础，系统介绍了国内压力容器安全监察与法规标准体系以及压力容器常用材料及性能，重点介绍了压力容器承受内压、外压时的安全设计，压力容器制造、使用及监检，基于风险的检验、安全评定、失效形式及爆炸灾害，并给出了压力容器事故案例。

　　《压力容器安全技术》可供高等院校过程装备与控制工程、安全工程、化工、制药及相关专业使用，也可供从事压力容器设计、制造、使用管理及监督检验的专业技术人员及工程管理人员参考。

图书在版编目（CIP）数据

压力容器安全技术/喻健良等编著. —北京：化学工业出版社，2018.8（2023.3 重印）
高等学校规划教材
ISBN 978-7-122-32233-3

Ⅰ.①压… Ⅱ.①喻… Ⅲ.①压力容器-安全技术-高等学校-教材 Ⅳ.①TH490.8

中国版本图书馆 CIP 数据核字（2018）第 112865 号

责任编辑：杜进祥　　　　　　　　　文字编辑：丁建华
责任校对：王素芹　　　　　　　　　装帧设计：韩　飞

出版发行：化学工业出版社（北京市东城区青年湖南街 13 号　邮政编码 100011）
印　　装：北京七彩京通数码快印有限公司
787mm×1092mm　1/16　印张 11¼　字数 275 千字　2023 年 3 月北京第 1 版第 3 次印刷

购书咨询：010-64518888　　　　　　售后服务：010-64518899
网　　址：http://www.cip.com.cn
凡购买本书，如有缺损质量问题，本社销售中心负责调换。

定　　价：35.00 元

随着经济的不断发展，国内压力容器的使用量呈快速增长趋势。作为一种典型的特种设备——压力容器一旦发生事故，容易造成灾害性后果。压力容器安全运行有其客观规律，理解压力容器在选材、设计、制造、检验、使用及监督管理等环节的风险，加强技术人员和管理人员的安全意识，掌握其破坏及失效的客观规律，能有效降低或避免压力容器事故。

2013 年 6 月 29 日，《中华人民共和国特种设备安全法》的颁布，对压力容器等特种设备的安全监察与管理提出了新的要求。同时，近年来一批新的压力容器安全技术规范、标准如 TSG 21—2016《固定式压力容器安全技术监察规程》、GB/T 150—2011《压力容器》等的颁布，也对压力容器技术做出了新的规定。在此背景下，针对压力容器的教材需要适应新法规、新规程以及新标准的要求。

本书以压力容器为对象，对压力容器全流程包括安全监察及法规标准、选材、设计、制造、使用、监督检验、安全评定、失效形式等的安全技术进行了详细介绍。尤其是对压力容器的安全合理选材、内外压容器安全设计等进行了重点叙述，以使相关人员在参考本教材时做到会选材、能设计。

本书共分 12 章。第 1 章为绪论；第 2 章为压力容器安全监察与法规标准体系；第 3 章为压力容器材料；第 4～第 8 章为压力容器内、外压安全设计；第 9 章为压力容器制造、使用及监检；第 10 章为基于风险的检验（RBI）技术；第 11 章为含缺陷压力容器的安全评定；第 12 章为压力容器失效形式及爆炸灾害。

本书第 1、第 10～第 12 章由闫兴清编写，第 2、第 3 章由伊军编写，第 4～第 6 章由喻健良编写，第 7、第 8 章由喻健良、闫兴清编写，第 9 章由伊军、钟华编写。全书由喻健良统稿并最终定稿。

本书可供高等院校过程装备与控制工程、安全工程、化工、制药及相关专业使用，也可供从事压力容器设计、制造、使用管理及监督检验的专业技术人员及工程管理人员参考。尤其是本书各章节提供的大量例题及习题，有助于读者理解压力容器安全技术内容。

由于水平有限，书中难免有疏漏之处，恳请专家和读者批评指正。

编著者
2018 年 4 月

CONTENTS
压力容器安全技术

目 录

1 绪 论

1.1 压力容器概述

1.1.1 特种设备与压力容器

特种设备是指涉及生命安全、危险性较大的设备。为了保障特种设备的安全使用，需要对其进行专门管理。《中华人民共和国特种设备安全法》（以下简称《特种设备安全法》）规定，特种设备包括锅炉、压力容器（含气瓶，下同）、压力管道、电梯、起重机械、客运索道、大型游乐设施、场（厂）内专用机动车辆八大类。其中，锅炉、压力容器和压力管道为承压类特种设备；电梯、起重机械、客运索道、大型游乐设施和场（厂）内专用机动车辆为机电类特种设备。

压力容器是一种典型的承压类特种设备。广义地说，压力容器是指容器壁面承受流体介质压力（本文中如无特别说明，压力均指表压力）或压差的密闭设备。从定义看，压力容器的主要技术指标为压力。但当压力容器发生事故时，其灾害程度不仅与压力有关，还与介质特性（如毒性、易燃易爆性等）、容器体积有关。故从安全管理的角度考虑，压力并不是表征压力容器安全性能的唯一指标。因此，有必要对压力容器的范畴进行科学、合理的界定。

《特种设备目录》（2014 年修订版）规定：压力容器，是指盛装气体或者液体，承载一定压力的密闭设备，其范围规定为最高工作压力大于或者等于 0.1MPa 的气体、液化气体和最高工作温度高于或者等于标准沸点的液体、体积大于或者等于 30 L 且内直径（非圆形截面指截面内边界最大几何尺寸）大于或者等于 150mm 的固定式容器和移动式容器；盛装公称工作压力大于或者等于 0.2MPa，且压力与体积的乘积大于或者等于 1.0MPa·L 的气体、液化气体和标准沸点等于或者低于 60℃液体的气瓶；氧舱。上述规定为判定某个容器是否属于压力容器范畴提供了依据。

1.1.2 压力容器分类

压力容器种类繁多，不同类型的容器具有不同的结构和危险性。因此，必须对压力容器进行分类，以便对不同类型容器分别实施科学化管理。根据不同的管理目标，压力容器具有不同的分类方法。在国内管理体系中，压力容器分为固定式压力容器、移动式压力容器、气瓶和氧舱四大类，分别依据 TSG 21—2016《固定式压力容器安全监察规程》、TSG R0005—

2011《移动式压力容器安全技术监察规程》、TSG R7003—2011《气瓶制造监督检验规则》和 TSG 24—2015《氧舱安全技术监察规程》进行管理。图 1-1 为常见的压力容器分类框图。

图 1-1　常见的压力容器分类框图

1.1.2.1　固定式压力容器

　　TSG 21—2016《固定式压力容器安全技术监察规程》（以下简称《固容规》）规定，固定式压力容器是指安装在固定位置使用的压力容器，包括为了某一特定用途，仅在装置或者场区内部搬动、使用的压力容器，以及可移动式空气压缩机的储气罐等。

　　固定式压力容器的常见分类方式如下：

　　(1) 按承压性质分类

　　压力容器既可以承受内压，也可以承受外压。承受内压、外压时的危险性不同，要分别考虑。故压力容器按承压性质分为内压容器和外压容器两类。

　　◇ 内压容器：容器的内部介质压力大于外部介质压力；

　　◇ 外压容器：容器的外部介质压力大于内部介质压力。

　　真空容器是指内部介质压力小于 0.1MPa（绝对压力）的外压容器。

　　(2) 按压力等级分类（针对内压容器）

　　压力是影响压力容器安全性能的重要指标。相同条件下，压力高的容器破裂风险往往高于压力低的容器。根据容器设计压力 p 的数值，可分为以下四类：

　　◇ 低压容器（代号 L）：$0.1\text{MPa} \leqslant p < 1.6\text{MPa}$；

　　◇ 中压容器（代号 M）：$1.6\text{MPa} \leqslant p < 10\text{MPa}$；

　　◇ 高压容器（代号 H）：$10\text{MPa} \leqslant p < 100\text{MPa}$；

　　◇ 超高压容器（代号 U）：$p \geqslant 100\text{MPa}$。

　　(3) 按设计温度分类

　　温度较高或较低时，材料性能变化显著，故温度也是影响压力容器安全性能的指标。根据容器壁面温度 T 的数值，可分为以下四类：

　　◇ 低温容器：$T < -20℃$；

　　◇ 常温容器：$-20℃ \leqslant T < 200℃$；

　　◇ 中温容器：$200℃ \leqslant T <$ 高温容器对应的初始温度；

　　◇ 高温容器：T 达到或超过钢材的蠕变温度（对碳素钢或低合金钢，蠕变温度超过

420℃；对合金钢，蠕变温度超过 450℃；对奥氏体不锈钢，蠕变温度超过 550℃）。

（4）按介质特性分类

介质特性是影响压力容器安全性能的重要指标。介质危害性一般用毒性危害程度和易爆危险程度表示。根据 TSG 21—2016《固容规》的规定，压力容器中化学介质毒性程度和易爆介质的划分参照 HG/T 20660—2017《压力容器中化学介质毒性危害和爆炸危险程度分类》的规定。无规定时，按介质最高容许浓度 MAC 确定毒性程度：

◇ 极度危害（Ⅰ级）：$MAC < 0.1mg/m^3$；

◇ 高度危害（Ⅱ级）：$0.1mg/m^3 \leq MAC < 1.0mg/m^3$；

◇ 中度危害（Ⅲ级）：$1.0mg/m^3 \leq MAC < 10mg/m^3$；

◇ 轻度危害（Ⅳ级）：$MAC \geq 10mg/m^3$。

（5）按工艺作用原理分类

在生产工艺流程中，相同工艺用途的压力容器一般具有类似的风险。因此，通过工艺流程单元操作特点对压力容器进行分类，可以了解容器在生产中的作用、操作特征以及失效后的严重程度等，以便于压力容器管理及风险识别。据此可将压力容器分为反应压力容器（代号 R）、换热压力容器（代号 E）、分离压力容器（代号 S）以及储存压力容器（代号 C）。对于同一压力容器，如果同时具有两个或两个以上的工艺作用原理时，应当按照工艺作用的主要作用来划分。

（6）按监察管理分类

由于单一因素无法全面评价压力容器的风险特征，为了便于安全管理，我国采用多因素综合划分方法，即综合介质特性、设计压力 p、容器全体积 V 三项指标，将压力容器分为Ⅰ类、Ⅱ类、Ⅲ类。压力容器分类方法，首先确认介质的组别，选择压力容器分类图，再根据 p、V 值标出坐标点，该点所落区域即为该容器的类别，如该点落在分类图的分类线上时，按照较高的类别划分。

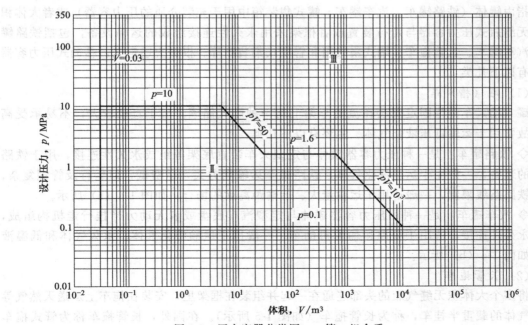

图 1-2　压力容器分类图——第一组介质

◇ 对于毒性程度为极度、高度危害的化学介质、易爆介质及液化气体（统称为第一组介质），其分类如图1-2所示。

◇ 除第一组以外的介质（统称为第二组介质），其分类如图1-3所示。

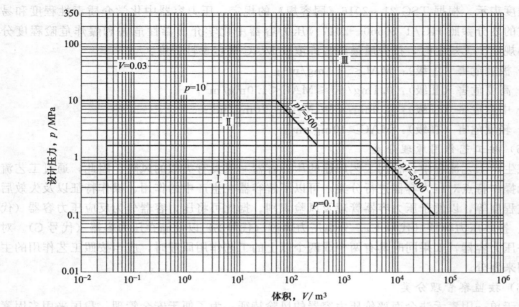

图1-3 压力容器分类图——第二组介质

1.1.2.2 移动式压力容器

根据TSG R0005—2011《移动式压力容器安全技术监察规程》的规定，移动式压力容器是指由罐体（铁路罐车、汽车罐车、罐式集装箱中用于充装介质的压力容器）或者大体积钢质无缝瓶式压力容器与走行装置或者框架采用永久性连接组成的运输设备，包括铁路罐车、汽车罐车、长管拖车、罐式集装箱和管束式集装箱等。根据上述定义，移动式压力容器主要有以下几类：

（1）罐（槽）车

罐（槽）车是指固定安装在流动车架上的一种卧式储罐。由于直径较大，不易承受高压，故常用于运输低压液化气体。主要有以下几类：

◇ 铁路罐车：是一种压力容器罐体与定型火车装置底架等组成永久性连接，用于铁路运输的装备，一般用于运送液化气体。铁路罐车运输能力大，运费低，但运行及管理复杂，并受铁路路线限制，一般适用于运输量大、运输距离远的场合，如图1-4（a）所示。

◇ 汽车罐车：是一种由压力容器罐体与定型汽车底盘或者无动力半挂行走机构组成，采用永久性连接，适用于公路运输的机动车。一般用于运输液化气体、永久气体和低温液体，如图1-4（b）所示。

（2）长管拖车

将多个大体积无缝气瓶的头部连通在一起并组装在框架里，安装在拖车上运送天然气等永久气体的载重半挂车，称为长管拖车（如图1-5所示）。在国外，长管拖车称为管式拖车（tubetrailer）。

(a) 铁路罐车　　　　　　　　(b) 汽车罐车

图 1-4　罐车实物图

图 1-5　长管拖车实物图

（3）罐式集装箱

罐式集装箱（如图 1-6 所示）是由单个或多个罐体与标准框架组成，采用永久性连接，适用于公路、铁路、水路或者其联运的一种集装箱。罐式集装箱既可运送液化石油气、液氯等液化气体，也可运送液氧、液氮、液化天然气等低温液体。

（4）管束式集装箱

管束式集装箱（如图 1-7 所示）是将气瓶组、附件和管路及其支撑连接件装配到外形尺寸和结构形式满足标准要求的标准集装箱框架内，是在我国境内普遍存在而且广泛使用的一种运输压缩气体的集装箱型式。管束式集装箱和长管拖车最大不同之处在于气瓶组安装位置，前者安装在集装箱内，后者安装在车辆行走机构上。

图 1-6　罐式集装箱　　　　　　　图 1-7　管束式集装箱

1.1.2.3　气瓶

气瓶体积小，一般在 200L 以下，常见的体积规格有 40L、8L 等，如图 1-8 所示。按承装介质的特性、用途和结构形式，气瓶可分为如下几类：

◇ 压缩气体气瓶。将压缩气体以高压的形式充装在气瓶内。充装压力通常为 15MPa，少部分气体气瓶采用更高充装压力。常见的充装介质有空气、O_2、H_2、CO、CH_4、NO 以及惰性气体 He、Ne、Ar 等。

◇ 液化气体气瓶。瓶内介质以低温液态充装，适用于临界温度不低于 $-10℃$ 的气体。分为高压液化气体气瓶和低压液化气体气瓶。高压液化气体气瓶一般充装的气体有 CO_2、C_2H_6、C_2H_4 等；低压液化气体气瓶充装的气体有 NH_3、Cl_2、C_3H_8、液化石油气等。

◇ 溶解气体气瓶。承装 C_2H_2 的气瓶。C_2H_2 极不稳定，必须溶解在溶剂内（多用丙酮溶剂），且气瓶内装有多孔介质以吸收溶剂。一般 C_2H_2 气瓶最高工作压力不超过 3MPa。

◇ 其他气瓶。不同于上述三类的气瓶均归为此类。这类气瓶的结构形式、制造工艺及介质特性各异，主要有混合气体气瓶、焊接气瓶、低温绝热气瓶、纤维缠绕气瓶等。

图 1-8 气瓶实物图

1.1.2.4 氧舱

氧舱是指采用空气、氧气或者特殊混合可呼吸气体为工作介质，供舱内人员、动物呼吸和调节舱内工作压力，用于人员、动物在舱内治疗、适应性训练、试验的压力容器，可分为医用氧舱和高气压舱等。

1.1.3 压力容器典型结构

从形状上看，压力容器一般为圆筒形，少数为球形或其他形状。移动式压力容器结构较固定，在此不再介绍。固定式压力容器的结构一般由筒体、封头、支座、接管、法兰、人孔和安全附件等组成，如图 1-9 固定式压力容器基本结构示意图、图 1-10 固定式压力容器实物图所示。

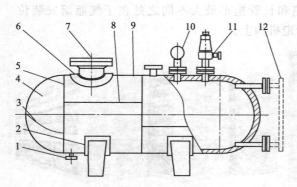

图 1-9 固定式压力容器基本结构示意图

1—法兰；2—支座；3—封头拼焊焊缝；4—封头；
5—封头与筒体环焊缝；6—补强圈；7—人孔；
8—纵焊缝；9—筒体；10—压力表；
11—安全阀；12—液位计

图 1-10 固定式压力容器实物图

作为压力容器主体的圆柱形筒体，因安装内件方便、承压能力好等被广泛应用。球形容器是由数块弓形板拼焊而成，承压能力好，但由于安装内件不便，制造困难，一般仅用作大型储罐。典型的固定式压力容器有塔式容器、卧式容器、管壳式换热容器、反应器、储罐等。

1.2 压力容器安全的重要性

1.2.1 压力容器应用的广泛性

压力容器广泛用于化学、石油化工、医药、冶金、机械、采矿、电力、航天航空、交通运输等工业生产部门和人们生活中。截至2016年年底，我国压力容器（不含气瓶）359.97万台，气瓶14235万只，已成为压力容器的制造和使用大国。量大面广的压力容器应用，必然对其安全性要求更高。

1.2.2 压力容器事故的易发性

压力容器作为一种特种设备，由国家设置专门机构进行安全监管，主要原因是其事故率高于一般机械设备或容器，且事故危害往往比较严重。压力容器事故发生率高有两方面原因：技术原因和管理原因。

1.2.2.1 技术原因

压力容器从设计过程开始，直至制造、监督检验、使用、检维修等环节，必须遵循一定的技术要求。随着科技的发展，压力容器所需的操作条件不断苛刻，极端环境（压力、温度、尺度、材料）不断出现，若压力容器技术不能完全满足复杂的操作条件、极端参数（如超高压、超高温、超低温、大尺寸、高性能材料）的要求，则就会发生安全事故。

1.2.2.2 管理原因

我国对压力容器等特种设备实行全过程的安全管理，即对压力容器从设计、制造、安装、使用、检验、修理、改造等全部环节进行管理。但压力容器的使用单位不配备或缺乏压力容器管理人员，未按照相应管理规定执行，极易造成操作事故。常见的因管理造成的事故有：

① 压力容器使用不符合要求。企业不配备或缺乏懂得压力容器专业知识和了解国家对压力容器的有关法规、标准的技术管理人员；压力容器操作人员未经必要的专业培训和考核，无证上岗等。

② 压力容器管理处于"四无状态"。即一无安全操作规程；二无压力容器技术档案；三无压力容器持证上岗人员和相关管理人员；四无定期检验管理，使压力容器和安全附件处于盲目使用、盲目管理的失控状态。

③ 擅自改变工艺条件，擅自修理改造。经营者无视压力容器安全，为了适应某种工艺需要而随意改变压力容器的用途和使用条件，甚至带"病"操作，违规超负荷生产等造成严重后果。

④ 地方政府的安全监察管理部门和相关行政执法部门的管理不到位或未能适应经济的发展，特别是规模小、分布广的民营和私营企业的急增，使压力容器的安全监察管理存在盲

区和管理失察的现象，助长了压力容器的违规使用和违规管理。

1.2.3 压力容器事故后果的严重性

压力容器由于密封失效、强度破坏等原因，容易发生泄漏、火灾、爆炸等事故，危及周围人员生命及环境安全。压力容器事故可能产生以下后果：

① 内部压力泄放后对外界环境做功，冲击波破坏建筑物、设备，直接伤害人体。冲击波超压大于 100kPa 时，在其直接冲击下大部分人员会死亡；50～100kPa 的冲击波超压可严重损坏人的内脏或引起死亡；30～50kPa 的冲击波超压会损伤人的听觉器官或产生骨折。超压对结构及人员的破坏程度见表 1-1。

表 1-1　超压对结构及人员的破坏程度

项目	到达结构或人体表面时的超压/kPa				
	完全毁坏	严重毁坏	中等毁坏	轻度毁坏	轻微毁坏
钢筋混凝土建筑	80～100	50～80	30～50	10～30	3～10
多层砖建筑	20～40	20～30	10～20	5～10	3～5
少层砖建筑	35～45	25～35	15～25	7～15	3～5
木建筑物	20～30	12～20	8～12	5～8	3～5
工业钢架建筑物	50～80	30～50	20～30	5～20	3～5
人员	死亡	致命伤	重伤	中伤	轻伤
			骨折、内出血	内伤、耳聋	内伤、耳鸣
	400～600	100	50～100	30～50	20～40

② 破裂碎片对设备及人体造成伤害。压力容器爆炸破裂时，高速喷出的气流可将壳体反向推出，有些壳体破碎成块或片向四周飞散。这些具有较高速度或较大质量的碎片，在飞出过程中具有较大动能。例如，碎片在脱离壳体时常具有 80～120m/s 的初速度，即使飞离爆炸中心较远时也常有 20～30m/s 的速度。在此速度下，质量为 1kg 的碎片动能即可达 200～450J，足可致人重伤或死亡。

③ 压力容器内部介质泄漏或溢出后造成的伤害。例如，若为有毒介质，泄漏的介质将造成大面积有害区，不仅毒害人类，也会污染环境。当容器内承装的介质为易燃、易爆介质时，可能发生大范围火灾及爆炸事故。有介质为高温水汽，则可能造成人员烫伤等。

④ 极易引发二次事故或连锁事故。压力容器发生事故后，无论是冲击波超压，还是碎片以及介质外溢，均可能造成临近的设备及管道发生损坏，发生二次事故或连锁事故，造成更大破坏。

图 1-11　2006 年甘肃天水某建材公司压力容器爆炸事故现场

图 1-11 所示为 2006 年甘肃天水某建材公司发生的压力容器爆炸事故现场。事故发生后，厂房内 4 台并排放置的压力容器中的 1 台已经飞出原安装位置 10 多米，厂房的顶棚和墙壁完全不见踪影，一辆 100kg 的拖车歪躺在轨道外侧。据目击者叙述，爆炸时，制作厂房墙壁的空心砖块"像下大冰雹一样"，一幸存者"被气浪推到十几米外，重重地摔在山坡上"。事故造成 4 人死亡，5 人受伤。通过本事故足以了解压力容器爆炸过程的超压、碎片等危害。

1.3 压力容器事故类型

按照损坏程度，压力容器事故一般分为爆炸事故、失稳变形事故和泄漏事故。

压力容器爆炸事故可分为物理爆炸事故和化学爆炸事故。物理爆炸事故是容器受压部件发生强度破坏，内部高压气体迅速膨胀并以高速释放内在能量造成的事故。化学爆炸事故是容器内的介质发生化学反应，释放能量后产生高温、高压，容器无法承受超压导致容器受压元件发生破坏，内部高压气体膨胀并释放能量引发的事故。爆炸事故灾害最为严重，往往造成惨痛的事故后果。

压力容器失稳变形事故是指压力容器主体失去原有的稳定性或者产生过大变形导致无法正常工作的事故。失稳变形事故一般是由于结构刚度及稳定性不足引起。失稳变形事故灾害大小与工况有关，需要具体分析。

压力容器泄漏事故是指压力容器主体或者部件变形、损伤、断裂或者安全附件、保护装置损坏等原因，造成内部介质非正常外泄的现象。泄漏事故灾害程度视容器内介质特性、泄漏数量和环境条件而定。一般介质危害程度越大、泄漏数量越多、扩散越广、人群越多，造成的危害越大。

为了便于对发生的压力容器事故进行管理，需要对事故进行分类。《特种设备安全监察条例》将压力容器事故分为特别重大事故、重大事故、较大事故和一般事故。

① 特别重大事故，是指造成 30 人以上死亡，或者 100 人以上重伤（包括急性工业中毒，下同），或者 1 亿元以上直接经济损失，或者压力容器、压力管道有毒介质泄漏，造成 15 万人以上转移的特种设备事故。

② 重大事故，是指造成 10 人以上 30 人以下死亡，或者 50 人以上 100 人以下重伤，或者 5000 万元以上 1 亿元以下直接经济损失，或者压力容器、压力管道有毒介质泄漏，造成 5 万人以上 15 万人以下转移的特种设备事故。

③ 较大事故，是指造成 3 人以上 10 人以下死亡，或者 10 人以上 50 人以下重伤，或者 1000 万元以上 5000 万元以下直接经济损失，或者压力容器、压力管道爆炸，或者压力容器、压力管道有毒介质泄漏，造成 1 万人以上 5 万人以下转移的特种设备事故。

④ 一般事故，是指造成 3 人以下死亡，或者 10 人以下重伤，或者 1000 万元以下直接经济损失，或者压力容器、压力管道有毒介质泄漏，造成 500 人以上 1 万人以下转移的特种设备事故。

习 题

1. 填空题

(1) 承压类特种设备包括＿＿＿＿＿、＿＿＿＿＿、＿＿＿＿＿。

(2) 机电类特种设备包括 _____ 、 _____ 、 _____ 。

(3) 影响压力容器事故危害的因素主要有 _____ 、 _____ 、 _____ 等。

(4) 在国内的管理体系中，压力容器首先被分为 _____ 、 _____ 。

(5) 中压容器的设计压力范围为 _____ ；超高压容器的设计压力范围为 _____ 。

(6) 低温容器的壁面温度范围为 _____ ；高温容器的壁面温度范围为 _____ 。

(7) 极度危害介质的 MAC 范围为 _____ ；中度危害介质的 MAC 范围为 _____ 。

(8) 根据生产工艺流程，压力容器通常被分为四类，分别是 _____ 、 _____ 。

(9) 多因素综合划分方法对压力容器分类时，需要考虑的因素有 _____ 、 _____ 。

(10) 常见的压缩气体气瓶介质有 _____ 、 _____ 、 _____ ；常见的液化气体气瓶介质有 _____ 、 _____ 、 _____ 。

(11) 气瓶的常见体积规格为 _____ L、 _____ L 等。气瓶充装压力通常为 _____ MPa。由于 C_2H_2 气体极不稳定，当采用气瓶充装时，充装方法为 _____ 。

(12) 移动式压力容器类别有 _____ 、 _____ 、 _____ 。

(13) 典型压力容器的结构包括 _____ 、 _____ 、 _____ 、 _____ 等。

(14) 压力容器事故分为 _____ 、 _____ 、 _____ 、 _____ 四类。

(15) 按照损坏程度，压力容器事故一般分为 _____ 、 _____ 、 _____ 。

2. 判断题

(1) 压力容器的内部可以处于真空状态。 （ ）

(2) 之所以对特种设备专门管理的原因是其价格高。 （ ）

(3) 压力是评估压力容器事故危险性的充分条件。 （ ）

(4) 压力容器极易发生事故。 （ ）

(5) 压力容器事故不可避免。 （ ）

(6) 某起压力容器事故，死亡 39 人。该起事故属于重大事故。 （ ）

(7) 某起压力容器事故，未有人员伤亡，但造成直接经济损失 1.01 亿元，该起事故属于重大事故。 （ ）

3. 计算/论述题

(1) 某系列容器，其形状、尺度及操作参数见下表。试确定各容器是否属于需要监管的压力容器。若是，依据多因素综合方法判断压力容器类别。若不是，说明理由。

形状	体积 V/m³	设计压力 p/MPa	介质危害	是否为压力容器	压力容器类别
柱形	0.001	2	极度		
柱形	0.0005	2.5	高度		
柱形	0.01	100	易爆		
柱形	0.25	1	液化气		
柱形	0.1	5	中度		
柱形	0.1	10	轻度		
球形	10	4.9	极度		
球形	10	5.1	高度		
球形	1	50	中度		

(2) 简述对压力容器进行分类的原因。

(3) 简述压力容器安全的重要性。

(4) 简述压力容器为什么容易发生事故。

(5) 简述压力容器事故分类。

4. 文献调研题

(1) 自主查阅资料，列举一个压力容器事故案例。查明压力容器事故原因、事故灾害及事故类别。

(2) 自主查阅资料，了解国内近年来压力容器的数量以及压力容器事故数量的统计数据及变化规律。

2 压力容器安全监察与法规标准体系

鉴于压力容器事故的易发性、事故灾害的严重性以及在经济生产和社会生活的重要性，世界各国普遍将其作为特种设备，由政府部门或民间组织实施强制性监督管理，以将事故发生率控制到最低程度。本章介绍压力容器安全监察概念、作用以及压力容器法规标准体系。

2.1 压力容器安全监察

2.1.1 压力容器安全监察概念

我国对境内使用的压力容器实行全过程的安全监察。所谓全过程监察，是对压力容器从设计、制造、安装、使用、检验、维修、改造直至进出口等全部环节实现安全监察。国家质量监督检验检疫总局特种设备安全监察局对特种设备安全监察的定义如下："安全监察是负责特种设备安全的政府行政机关为实现安全目的而从事的决策、组织、管理、控制和监督检查等活动的总和"。

特种设备安全监察的概念在国内的变化过程有：

◇ 1963 年 5 月 28 日，国务院批准劳动部《关于加强各地锅炉和受压容器安全监察机构的报告》中，将政府负责锅炉和压力容器的行政管理工作称为安全监察。

◇ 1982 年 2 月 6 号，国务院颁布的《锅炉压力容器安全监察暂行条例》中正式使用了安全监察的概念，并将其法制化，一直沿用至今。

◇ 2003 年 2 月 19 日，国务院第 68 次常务会议通过的《特种设备安全监察条例》，更加全面明确地使用了特种设备安全监察这一概念。

◇ 2013 年 6 月 29 日中华人民共和国第十二届全国人民代表大会常务委员会第三次会议通过的《中华人民共和国特种设备安全法》，以法律的形式明确了安全监察适用于特种设备的生产（包括设计、制造、安装、改造、修理）、经营、使用、检验、检测等全过程。

2.1.2 压力容器安全监察的作用

压力容器安全监察是一项由政府向社会提供的公共安全服务，是一种行政强制措施，其主要作用如下：

① 提高压力容器安全水平，降低或避免压力容器事故，防止以牺牲公众利益为代价追

求经济利益最大化。国内外实践表明，安全监察是防止压力容器事故的有效方法。

② 提高对压力容器事故原因的理解和认识。压力容器事故原因可分为人的不安全行为和物（设备）的不安全状态。为了防止压力容器事故，必须正确认识压力容器全过程中的人和物的危险因素，从而提高人员及社会对压力容器技术的认知和理解水平。

2.2 压力容器法规标准体系

国家质量监督检验检疫总局特种设备安全监察局提出了"以安全技术规范为核心内容的法规标准体系"框架，框架涵盖五个层次：

◇ 第一层：法律
◇ 第二层：行政法规
◇ 第三层：部门规章
◇ 第四层：安全技术规范
◇ 第五层：标准

2.2.1 法律

法律分为全国人民代表大会通过的法律和全国人民代表大会常务委员会通过的法律。现行法律中涉及压力容器安全的主要法律见表2-1。其中，《中华人民共和国特种设备安全法》是特种设备的生产（包括设计、制造、安装、改造、修理）、经营、使用、检验、检测和特种设备安全的监督管理所遵循的最高法，是压力容器安全监察的行动指南。

表 2-1　现行与压力容器有关的法律

序号	名称	发布情况	通过机构	最新修订情况
1	《中华人民共和国特种设备安全法》	2013 年 6 月 29 日发布	全国人民代表大会常务委员会	无
2	《中华人民共和国安全生产法》	2002 年 6 月 29 日发布	全国人民代表大会常务委员会	2014 年修订
3	《中华人民共和国突发事件应对法》	2007 年 8 月 30 日发布	全国人民代表大会常务委员会	无
4	《中华人民共和国产品质量法》	1993 年 2 月 22 日发布	全国人民代表大会常务委员会	2009 年修订

2.2.2 行政法规

行政法规通常为国务院颁布的条例，行政法规不得同宪法相抵触。行政法规的效力高于地方性法规和部门规章。

现行行政法规中，与压力容器有关的行政法规见表2-2。

表 2-2　现行与压力容器有关的行政法规

序号	名称	发布情况	颁布机构	最新修订情况
1	《特种设备安全监察条例》	2003 年 2 月 19 日发布	国务院	2009 年修订
2	《安全生产事故报告和调查处理条例》	2007 年 3 月 28 日发布	国务院	无
3	《危险化学品安全管理条例》	2002 年 1 月 26 日发布	国务院	2013 年修订
4	《国家安全生产事故灾难应急预案》	2006 年 1 月 22 日发布	国务院	无

2.2.3 部门规章

部门规章是国务院各部、委员会等具有行政管理职能的直属机构，根据法律和国务院的行政法规等，在本部门权限内制定的规章。目前与压力容器有关的部门规章如表2-3所示。

表 2-3　已颁布的与压力容器相关部门规章

序号	名　称	发布情况	颁布机构	最新修订情况
1	《特种设备事故报告和调查处理规定》	2009 年 5 月 26 日发布	国家质检总局	无
2	《锅炉压力容器压力管道特种设备安全监察行政处罚规定》	2001 年 12 月 29 日发布	国家质检总局	无
3	《锅炉压力容器制造监督管理办法》	2002 年 7 月 12 日发布	国家质检总局	无
4	《气瓶安全监察规定》	2003 年 4 月 24 日发布	国家质检总局	2015 年修订
5	《特种设备作业人员监督管理办法》	2005 年 1 月 10 日发布	国家质检总局	2011 年修订

2.2.4　安全技术规范

特种设备安全技术规范由国务院特种设备安全监督管理部门制定并公布，是监督制度的具体操作性文件，是法规标准体系中的重要组成部分。主要有三大类：监督管理规定及办法类、安全监察规程类和技术检验规则类。

近几年，国家质量监督检验检疫总局特种设备安全监察局对特种设备的立法工作进行了改革，并开展大范围梳理和特种设备安全技术规范（代号 TSG）的制订、修订工作。目前，与压力容器相关的技术规范如表 2-4 所示。

表 2-4　已颁布的与压力容器相关的 TSG 特种设备规范

序号	规范代号	规范名称
1	TSG 21—2016	《固定式压力容器安全技术监察规程》
2	TSG R0005—2011	《移动式压力容器安全技术监察规程》
3	TSG 24—2015	《氧舱安全技术监察规程》
4	TSG 08—2017	《特种设备使用管理规则》
5	TSG R1001—2008	《压力容器压力管道设计许可规则》
6	TSG R3001—2006	《压力容器安装改造维修许可规则》
7	TSG 03—2015	《特种设备事故报告和调查处理导则》
8	TSG R0009—2009	《车用气瓶安全技术监察规程》
9	TSG R1003—2006	《气瓶设计文件鉴定规则》
10	TSG R4001—2006	《气瓶充装许可规则》
11	TSG R5001—2005	《气瓶使用登记管理规则》
12	TSG RF001—2009	《气瓶附件安全技术监察规程》
13	TSG R7002—2009	《气瓶型式试验规则》
14	TSG R7003—2011	《气瓶制造监督检验规则》
15	TSG ZF003—2011	《爆破片装置安全技术监察规程》

2.2.5　标准

2.2.5.1　标准分类

标准是相应压力容器产品的设计、制造、检验和验收的最基本要求。标准分为国际标准、国外标准、国家标准、行业标准、地方标准和企业标准。

◇ 国际标准是国际组织如国际标准化组织（ISO）、国际电工委员会（IEC）等制定的标准。采用国际标准对于压力容器行业国际化具有积极作用。《中华人民共和国标准化法》第四条规定：国家鼓励积极采用国际标准。

◇ 国外标准是国内研究人员对国外一些国家、区域性或团体性组织制定的标准的统称。

部分组织技术实力强，其制定的标准已逐渐成为国际上通行的标准，也可供国内参考。如美国材料试验协会标准（ASTM）、美国机械工程师协会标准（ASME）、美国石油协会标准（API）等。

◇ 国家标准是对全国范围内统一的技术要求制定的标准。我国国家标准由国务院标准化行政主管部门制定。

◇ 行业标准是对没有国家标准而需要在全国某个行业内统一技术要求所制定的标准。

◇ 地方标准是对没有国家标准、行业标准而又需要在省、自治区、直辖市范围内统一的技术要求所制定的标准。对已经有国家标准的，也可以制定地方标准，但地方标准必须严于国家标准，或是对国家标准某些内容的补充。

◇ 企业标准是在没有国家标准、行业标准的情况下，企业对生产的产品制定的技术标准。对已有国家标准、行业标准的，也可以制定企业标准，但企业标准必须严于国家、行业标准。

2.2.5.2　我国标准的性质

我国的标准分为强制性标准和推荐性标准两类。强制性标准是国家通过安全技术规范的形式明确要求对于一些标准所规定的技术内容和要求必须执行，不允许以任何理由或方式加以违反、变更。我国标准化法规定：保障人体健康、人身财产安全的标准和法律，行政法规规定强制执行的标准属于强制性标准。

推荐性标准又称为非强制性标准或自愿性标准。是指生产、交换、使用等方面，通过经济手段或市场调节而自愿采用推荐性标准的一类标准。推荐性标准不具有强制性，任何单位均有权决定是否采用。

2.2.5.3　我国标准的分类代号

每项标准均具有分类代号。强制性国家标准代号为GB，推荐性国家标准代号为GB/T。我国现有几十类行业标准，与压力容器有关的行业标准代号及制定部门见表2-5。

表2-5　我国与压力容器有关的行业标准代号及制定部门

序号	代号	行业	标准制定部门
1	HG	化工	中国石油和化学工业联合会
2	JB	机械	中国机械工业联合会
3	NB	能源	中国能源学会
4	SH	石油化工	中国石油和化学工业联合会
5	SY	石油天然气	中国石油和化学工业联合会
6	YS	有色冶金	中国有色金属工业协会
7	EJ	核工业	中国核工业总公司
8	QJ	航天	中国航天工业总公司
9	TB	铁路运输	国家铁路局

2.2.5.4　我国压力容器常用标准

我国压力容器标准体系是以GB/T 150—2011《压力容器》为核心，配套以其他标准、规范。目前部分典型的压力容器技术标准举例见表2-6。

表 2-6　目前部分典型的压力容器技术标准举例

序号	标准类型	标准号	标准名称
1	国家标准	GB/T 150—2011	《压力容器》
2	国家标准	GB/T 151—2014	《热交换器》
3	国家强制标准	GB 12337—2014	《钢制球形储罐》
4	国家推荐标准	GB/T 9019—2015	《压力容器公称直径》
5	国家推荐标准	GB/T 26929—2011	《压力容器术语》
6	国家推荐标准	GB/T 18442—2011	《低温绝热压力容器标准(1～6部分)》
7	国家强制标准	GB 567—2012	《爆破片安全装置》
8	国家推荐标准	GB/T 21432—2008	《石墨制压力容器》
9	国家推荐标准	GB/T 25198—2010	《压力容器封头》
10	国家能源局推荐标准	NB/T 47042—2014	《卧式容器》
11	国家能源局推荐标准	NB/T 47041—2014	《塔式容器》
12	机械行业推荐标准	JB/T 4734—2002	《铝制焊接容器》
13	机械行业推荐标准	JB/T 4745—2002	《钛制焊接容器》
14	机械行业推荐标准	JB 4732—1995(2005年确认)	《钢制压力容器分析设计标准》
15	化工行业推荐标准	HG/T 20592～20635—2009	《钢制管法兰、垫片和紧固件》
16	国家能源局推荐标准	NB/T 47003.1—2009	《钢制焊接常压容器》

习　题

1. 填空题

(1) 压力容器法规标准体系具有 5 个层次，分别为 _____、_____、_____、_____、_____。

(2) GB/T 150—2011 表示该标准类型为_____标准，性质为_____标准。

(3) 我国对压力容器等特种设备实行_____安全监察。

(4) 我国特种设备的生产、经营、使用、检验、检测和特种设备安全的监督管理所遵循的最高法是_____。

(5) 压力容器事故原因可分为_____和_____。

(6) 目前与压力容器有关的部门规章，基本上均由_____制定。

(7) 标准分为_____、_____、_____、_____、_____、_____等。

(8) 我国的标准分为_____标准和_____标准两类。

(9) 在压力容器常用标准代号中，GB 的含义是_____、HG/T 的含义是_____、SH/T 的含义是_____。

(10) 我国压力容器设计国家标准代号为_____、热交换器设计国家标准代号为_____、塔式容器设计标准代号为_____。

2. 判断题

(1) 对压力容器开展安全监察的原因是压力容器比较贵重。　　　　　　　　　　(　　)

(2) 开展压力容器安全监察能够有效降低压力容器事故率。　　　　　　　　　　(　　)

(3) 《特种设备安全法》是特种设备的最高法规。　　　　　　　　　　　　　　(　　)

(4) NB/T 47011—2010 是强制性行业规范。　　　　　　　　　　　　　　　　(　　)

(5) 地方性法规的效力高于行政法规。　　　　　　　　　　　　　　　　　　(　　)

3. 论述题

(1) 论述压力容器安全监察的概念及作用。

(2) 论述压力容器的法规标准的体系层次。

（3）分别列举几个压力容器常用的法律、行政法规、部门规章、技术规范以及标准。明确其颁布时间以及颁布机构。

4. 文献调研题

（1）自主查阅我国压力容器设计国家标准 GB/T 150，明确其历次版本修订情况，了解最新版本标准的适用范围。

（2）自主查阅 ASME Boiler and Pressure Vessel Cod Ⅷ：Rules for Construction of Pressure Vessels，了解该标准的相关基本信息。

（3）自主查阅资料，了解 API 标准体系、ASME 标准体系的相关知识。

（4）阅读 TSG 21—2016《固定式压力容器安全技术监察规程》，了解其内容。

3 压力容器材料

压力容器结构多样，操作参数复杂。例如，操作压力由真空至超高压、操作温度从低温至高温、介质可能具有腐蚀、易燃、易爆等危险，均为压力容器选材带来了较多挑战。由于不同的条件对压力容器有不同的要求，因此合理选用压力容器用材料，是保证压力容器安全的基础。在选择材料时，必须根据材料的力学性能、物理性能、化学性能、冷热加工性能等，综合考虑压力容器的操作条件，并遵循适用、安全和经济的原则。本章介绍金属材料性能及压力容器常用钢材的分类、牌号及选用原则。

3.1 金属材料性能

金属材料的性能决定其适用范围，金属材料的性能包括力学性能、物理性能、化学性能、加工工艺性能四个方面。

3.1.1 力学性能

金属材料在一定温度条件下承受载荷时会发生变形。当载荷超过某一限度时，材料会发生破坏。材料在外力（载荷）作用下表现出的抵抗变形和断裂的能力，称为金属材料的力学性能（也称机械性能）。通常用弹性、塑性、强度、硬度和冲击韧性等特征指标来衡量金属材料的力学性能。

3.1.1.1 强度

金属材料在外力作用下抵抗产生塑性变形和断裂的能力称为强度。常用的强度指标为屈服强度和抗拉强度。

由于金属材料在外力作用下从变形到破坏有一定的规律可循，因而通常采用拉伸试验进行测定，即把金属材料制成一定规格的标准试样或比例试样，试样的初始标距长度为 l_0、初始横截面积为 A_0，试样在拉伸试验机上进行拉伸，直到试样断裂。当拉伸载荷为 F 时，对应的试样标距长度伸长 Δl，如图 3-1（a）、（b）所示。载荷 F 与伸长量 Δl 的曲线关系，称为拉伸曲线，如图 3-1（c）所示。

对相同材料但不同尺寸的试件，其拉伸曲线不同。为了消除这种尺寸效应，可采用名义线应变 $\varepsilon = \Delta l / l$ 作为横坐标，名义正应力 $\sigma = F / A$ 作为纵坐标。坐标变换后的曲线称为应力-应变曲线（σ-ε 曲线），如图 3-1（d）所示。这样，基于试样拉伸的实验结果即能够反映

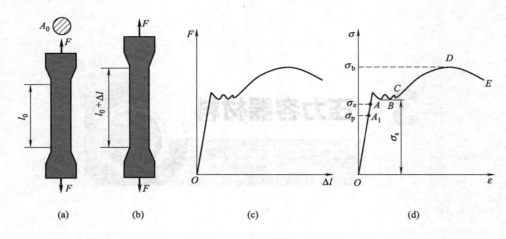

图 3-1　试样拉伸示意图

材料的性能。

对压力容器常用的低碳钢材料，其拉伸过程可明显分为四个阶段：

（1）弹性阶段

试样在 OA 段的变形为弹性变形，称为弹性阶段，其最高点 A 对应的应力称为材料的弹性极限 σ_e。在弹性范围内，直线段 OA_1 称为比例阶段，其最高点 A_1 对应的应力称为材料的比例极限，用 σ_p 表示。通常 σ_e 与 σ_p 数值上很接近。在比例阶段，材料服从胡克定律：

$$\sigma = E\varepsilon \tag{3-1}$$

式中，E 为弹性模量，是反映材料抵抗弹性变形能力的常数。对碳钢材料，E 约为 200GPa。

（2）屈服阶段

材料的应力超过弹性极限后，$\sigma\text{-}\varepsilon$ 曲线接近为一水平直线，正应力 σ 变化很小而线应变 ε 急剧增加，说明材料此时失去了抵抗变形的能力，这种现象称为屈服。这一阶段称为屈服阶段。其最低点 B 对应的应力称为材料的屈服强度，用 σ_s 或 R_{eL} 表示。

$$\sigma_s = \frac{P_{eL}}{A_0} \quad \text{或} \quad R_{eL} = \frac{P_{eL}}{A_0} \tag{3-2}$$

式中　P_{eL}——载荷不再增加，试件仍能继续伸长的最小载荷，N；

　　　A_0——试件的原始横截面积，mm^2。

图 3-2　滑移线示意图

屈服强度代表金属材料抵抗发生塑性变形的能力。在屈服阶段，磨光的试样表面会呈现与轴线成约 45°角的条纹，称为滑移线，如图 3-2 所示，表明材料内部晶格之间出现了相对滑移。滑移线恰好出现在最大切应力所在面的方位，表明它是由最大切应力引起的。材料屈服时出现的显著的塑性变形，这是工程结构一般所不允许的，因此屈服极限是低碳钢材料的一个重要强度指标。

然而，除退火或热轧的低碳钢和中碳钢等少数合金有明显的屈服点外，大多数金属合金没有明显的屈服极限。因此，工程上规定用发生 0.2%残余伸长时的应力表征材料的屈服强度，称为"0.2%非比例延伸强度"，以 $\sigma_{0.2}$ 或 $R_{p0.2}$ 表示。

（3）强化阶段

过了 C 点以后，试样恢复了抵抗变形的能力，要使试件继续变形，必须增大应力，这种现象称为强化，CD 段称为强化阶段。强化阶段试样明显变细，变形主要是塑性变形。强化阶段的最高点 D 对应的应力称为材料的抗拉强度，用 σ_b 或 R_m 表示。

$$\sigma_b = \frac{P_m}{A_0} \quad 或 \quad R_m = \frac{P_m}{A_0} \tag{3-3}$$

式中 P_m——拉断前试件所承受的最大载荷，N。

抗拉强度是压力容器设计常用的性能指标，是试件拉断前最大载荷下的应力，是评定工程材料的重要力学性能指标。

工程上所用的金属材料，不仅希望具有较高的屈服强度 R_{eL} 值，还希望具有一定的屈强比（R_{eL}/R_m）。屈强比越小，材料的塑性储备就越大，越不容易发生危险的脆性破坏。但是，屈强比太小，材料的强度无法完全发挥。因此，要针对具体情况，设定合理的屈强比数值。

（4）局部变形（颈缩）阶段

如图 3-1（d）所示，当材料承载超过 D 点后，试样某一局部范围急剧变细，这种现象称为颈缩。DE 段称为局部变形阶段或颈缩阶段。由于颈缩部分横截面面积急剧减小，试样对变形的抗力也就随之不断减小，名义应力降低，σ-ε 曲线呈下降趋势，到 E 点时试样在横截面最小处拉断。

3.1.1.2 塑性

金属材料在载荷作用下，断裂前材料发生不可逆永久变形的能力称为塑性。常用的塑性指标有断后伸长率和断面收缩率。

（1）断后伸长率

断后伸长率是材料的塑性指标之一，如图 3-1（d）所示，材料在 E 点断裂后，总伸长长度与原始试样长度之比的百分数，称为断后伸长率，以 δ 或 A 表示，单位为％。

$$\delta = \frac{\Delta l_k}{l_0} \times 100\% = \frac{l_k - l_0}{l_0} \times 100\% \tag{3-4}$$

式中 l_k——试样断裂后的标距长度，mm；

　　　　l_0——原始试样标距长度，mm；

　　　Δl_k——断裂后与原始试样标距长度的绝对伸长，mm，它是在试样整个拉伸至断裂时所产生的塑性变形量。

δ 的数值与试样尺寸有关。为了便于对比，试样必须标准化。常用的试样计算长度规定为试样直径的 5 倍或 10 倍，其伸长率分别用 δ_5、δ_{10} 表示。一般情况下，$\delta_5 \approx 1.2\delta_{10}$。工程中应用的主要塑性指标是 δ_5。

（2）断面收缩率

断面收缩率是材料的收塑性指标之一，如图 3-1（d）所示，试样在 E 点断裂后，缩颈处横截面积的最大缩减面积与原始横截面积的百分比，称为断面收缩率，以 ψ 或 Z 表示，单位为％。

$$\psi = \frac{A_0 - A_1}{A_0} \times 100\% \tag{3-5}$$

式中 A_0——试样原始横截面积，mm^2；

A_1——试样拉断后颈缩处最小横截面积，mm^2。

断面收缩率与试样尺寸无关，因此能更可靠地反映材料塑性的变化。

断后伸长率和断面收缩率均可用来衡量材料塑性大小。断后伸长率和断面收缩率越大，表示金属材料的塑性越好。例如，纯铁的断后伸长率接近50%，而普通铸铁的断后伸长率不到1%，因此，纯铁的塑性远好于普通铸铁。塑性好的材料，成型加工（如锻压、轧制）较容易，不容易出现脆性断裂。

3.1.1.3 硬度

外力作用下金属材料抵抗局部塑性变形的能力叫做硬度。硬度是衡量金属材料软硬程度的一项重要的性能指标，是反映材料的弹性、强度、塑性、塑性变形强化率、韧性和抗摩擦性能等一系列不同物理量的综合性能指标。

硬度试验方法分类较多，按负荷施加速度分为静力（压入）硬度和动力（回弹）硬度试验法，常用的静力法有布氏硬度、洛氏硬度、维氏硬度等，常用的动力法，加载特点具有冲击性，包括肖氏硬度、里氏硬度等；按负荷大小分为宏观、轻负荷、显微和超显微硬度试验法；按试验温度分为常温、低温和高温硬度试验；按试验原理分为洛氏、维氏、肖氏、划痕硬度试验等。

硬度静压测量方法是用一定的载荷将一定形状的压头压入金属表面，测定压痕的面积和深度。当压头形状和载荷一定时，压痕越深或面积越大，硬度就越低。根据压头形状和载荷的不同，硬度指标可分为布氏硬度、洛氏硬度、维氏硬度等。

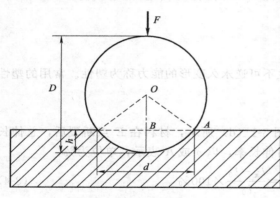

图 3-3 布氏硬度测量示意图

布氏硬度的测定原理是用载荷 F 将直径 D 的淬火钢球压入被测金属的表面，如图 3-3 所示，保持规定时间后卸除载荷，用读数显微镜测出压痕平均直径 d，然后按公式（3-6）求出布氏硬度 HB 值。试验中，如果材料布氏硬度不超过450，则采用淬火钢球压头，用 HBS 表示布氏硬度；若材料布氏硬度超过450且不超过650，则采用硬质合金球压头，布氏硬度则用 HBW 表示。如果硬度超过650，则测量结果不准确，须改用洛氏硬度测量方法。

$$HBS(HBW) = 0.102\frac{F}{A} = 0.102\frac{2F}{\pi D(D-\sqrt{D^2-d^2})} \tag{3-6}$$

式中　F——载荷，N；

　　　D——压头直径，mm；

　　　A——压痕表面积，mm^2；

　　　d——压痕直径，mm。

硬度试验属于非破坏性试验，试验结果能敏感地反映出材料在化学成分、组织结构和热处理工艺上的差异，所以常用硬度综合评价金属材料的好坏。不同的硬度试验方法所测的硬度值不同，这是由于各种硬度试验方法之间不存在明确的物理关系。布氏硬度比较准确，生产中常用布氏硬度法测定经退火、回火和调质的金属材料的硬度，因此用途较广。但对于硬度很高或较薄的金属，则采用压痕较小的洛氏法测量硬度或维氏法测量极薄金属式样的硬度。

3.1.1.4 冲击韧性

冲击韧性是指材料在冲击载荷作用下吸收塑性变形功和断裂功的能力，反映材料内部的细微缺陷和抗冲击性能。冲击韧度指标的实际意义在于揭示材料的变脆倾向，是反映金属材料对外来冲击负荷的抵抗能力，一般由冲击韧性值 a_k 和冲击吸收能量表示，其单位分别为 J/cm^2 和 J。

冲击韧性或冲击功试验（简称"冲击试验"），因试验温度不同而分为常温、低温和高温冲击试验三种；若按试样缺口形状又可分为"V"形缺口和"U"形缺口冲击试验两种。工程上常以落锤冲击"V"形缺口试样试验测量金属的冲击韧性，其试验方法和原理如图 3-4 所示。

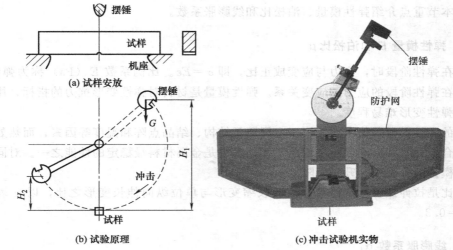

图 3-4　冲击试验方法和原理

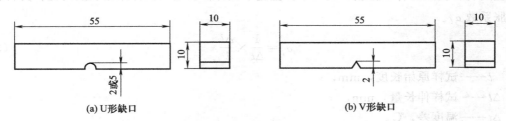

图 3-5　冲击试验的标准试样

先将测定的材料加工成标准试样，如图 3-5 （a）或（b）所示，然后将试样按图 3-4 （a）放在试验机 [图 3-4 （c）] 机座上。按图 3-4 （b）将具有一定重量 G 的摆锤举至一定高度 H_1，使其获得位能 GH_1，再将摆锤释放，冲断试样，摆锤的剩余能量为 GH_2。摆锤冲断试样所失去的位能，即冲击负荷使试样断裂所做的功，称为冲击吸收功 $A_k(J)$。即：

$$A_k = GH_1 - GH_2 = G(H_1 - H_2) \tag{3-7}$$

冲击试样缺口底部单位横截面积上的冲击吸收功，称为冲击韧性 a_k（J/cm^2）：

$$a_k = A_k/F \tag{3-8}$$

冲击试样在受到摆锤突然冲击发生断裂的过程，是一个裂纹萌生和扩展的过程。在裂纹向前扩展的过程中，如果塑性变形能发生在裂纹扩展之前，就可以阻止裂纹扩展。若要继续扩展，就需要更多的能量。因此，冲击吸收功的大小，取决于材料有无迅速塑性变形的能力，即韧性——是材料在受到突然外加动载荷时的一种及时和迅速塑性变形的能力。韧性高的材料，一般具有较高的塑性指标；但塑性高的材料，却不一定都有高的韧性。这是因为，有些材料在静载荷下能够缓慢塑性变形，但在动载荷下却不一定能够快速塑性变形。影响钢材冲击韧性的因素除与所受的载荷有关，还与材料的化学成分、热处理状态、冶炼方法、内部缺陷、加工工艺和环境温度等因素有关。

3.1.2　物理性能

在重力、电磁力、热力等物理因素作用下，材料所表现的固有属性称为材料的物理性能，主要包括密度、熔点、比热容、热导率、线膨胀系数、电阻率、磁导率、弹性模量、泊松比等。本节重点介绍弹性模量、泊松比和线膨胀系数。

3.1.2.1　弹性模量 E 和泊松比 μ

材料在弹性阶段时，应力与应变成正比，即 $\sigma = E\varepsilon$。比例系数 E（Pa）称为弹性模量，表示材料在弹性阶段的应力和应变关系。弹性模量是材料对弹性变形抗力的指标，用以衡量材料产生弹性变形难易程度。

金属的弹性模量数值主要取决于金属原子结构、结晶点阵和温度等因素，而热处理、冷热加工及合金化对其影响很小。因此，弹性模量是金属材料最稳定的性能之一。对同一种材料，弹性模量随着温度的升高而降低。

泊松比是拉伸试验中试件单位横向收缩变形与单位纵向伸长变形之比，以 μ 表示。对钢材，$\mu = 0.3$。

3.1.2.2　线膨胀系数 α_l

金属材料受热时容积膨胀，定义单位温差下试件伸长量与试件原始长度之比，为材料的线膨胀系数 α_l。

$$\alpha_l = \frac{1}{\Delta t} \times \frac{\Delta l}{l} \tag{3-9}$$

式中　　l——试样原始长度，mm；

　　　　Δl——试样伸长量，mm；

　　　　Δt——温度差，℃。

几种常用压力容器材料的物理性能见表3-1。

表 3-1　常用压力容器材料的物理性能

物理性能	符号	单位	低碳钢及低合金钢	铬镍奥氏体钢
相对密度	ρ_r	g/cm³	7.8	7.9
熔点	t_m	℃	约1500	1370~1430
比热容	c	J/(kg·K)	460.57	502.44
热导率	λ	W/(m·K)	46.52~58.15	13.96~18.61
线膨胀系数	α_l	10⁻⁶/℃	11~12	16~17
电阻率	ω	Ω·mm²/m	0.11~0.13	0.70~0.75
弹性模量	E	10⁵MPa	2.0~2.1	2.0
泊松比	μ	—	0.24~0.28	0.25~0.30

3.1.3 化学性能

金属材料在所处介质中的化学稳定性叫做金属材料的化学性能，在实际应用中主要考虑金属的耐腐蚀性和抗氧化性。

3.1.3.1 耐腐蚀性

金属材料抵抗周围介质侵蚀的能力称为耐腐蚀性，包括化学腐蚀和电化学腐蚀两种类型。化学腐蚀一般在干燥气体及非电解质溶液中进行，腐蚀时没有电流产生；电化学腐蚀是在电解液中进行，腐蚀时有微电流产生。

根据介质侵蚀能力的强弱，对于不同介质中工作的金属材料的耐蚀性要求也不相同。如海洋设备及船舶用钢，须耐海水及海洋大气腐蚀；而贮存和运输酸类的容器、管道等，则应具有较高的耐酸性能。一种金属材料在某种介质、某种条件下是耐蚀的，而在另一种介质或条件下就可以不耐蚀。如镍铬不锈钢在稀酸中耐蚀，而在盐酸中则不耐蚀；铜及其合金在一般大气中耐蚀，但在氨水中却不耐蚀。常用压力容器材料在不同温度和浓度的酸碱盐类介质中的耐腐蚀性如表 3-2 所示。

表 3-2　常用压力容器材料在不同温度和浓度的酸碱盐类介质中的耐腐蚀性

金属材料	硝酸		硫酸		盐酸		氢氧化钠		硫酸铵		硫化氢		尿素		氨	
	$c/\%$	$t/℃$	$c/\%$	$t/℃$	$c/\%$	$t/℃$	$c/\%$	$t/℃$	$c/\%$	$t/℃$	$c/\%$	$t/℃$	$c/\%$	$t/℃$	$c/\%$	$t/℃$
碳钢	×	×	70～100	20	×	×	≤35	120	×	×	80	200	×	×		(70)
			(80～100)	(70)			≥70	260								
							100	480								
18-8型不锈钢	＜50	(沸)	80～100	＜40	×	×	≤90	100	饱	250		100			溶液与气体	100
	(60～80)	(沸)	(＜10)	(＜40)												
	95	40														

注：表中"沸"表示沸点；"饱"表示饱和浓度。带有"（）"表示尚耐腐蚀，腐蚀速率为 0.1～1mm/a；不带"（）"表示耐腐蚀，腐蚀速率为 0.1mm/a 以下；"×"表示不耐腐蚀或不宜用；空白为无数据。

3.1.3.2 抗氧化性

金属材料在高温下抵抗氧化的能力称为金属材料的抗氧化性。现代工业生产中的许多设备，如各种工业锅炉、热加工机械、汽轮机及各种高温化工设备等，在高温环境下工作时，不仅有自由氧的氧化腐蚀过程，还有其他介质如水蒸气、CO_2、SO_2 的氧化腐蚀作用，因此，要求其材料均需要具有良好的抗氧化性能。

3.1.4 加工工艺性能

金属材料的加工工艺性能是指材料在加工过程中应具有的适用加工的性能，主要包括铸造性能、锻造性能、焊接性能、切削加工性能、热处理性能等。这些性能直接影响压力容器的制造工艺，是选择材料时必须考虑的因素。

金属材料的加工分为冷加工和热加工。冷加工工艺有冷卷、冷冲压、冷锻、冷挤压及机械切削加工等；热加工有热卷、热冲压、热锻、焊接及热处理等。

3.2 元素对钢材性能的影响

3.2.1 杂质元素的影响

在钢材中，锰、硅、硫、磷等元素并非为了改善钢材质量而有意加入，而是由于矿石及冶炼等原因引入钢中，统称为杂质。杂质对碳钢的品质有很大影响。

（1）锰（Mn）的影响

锰的含量在 0.8% 以下时，一般认为是杂质；含量在 0.8% 以上时，可以认为是合金元素。前者是冶炼中引入的，可脱氧和减轻硫的有害作用，是一种有益元素。后者当锰含量较高时，锰能溶解于铁素体，起强化铁素体的作用。按技术条件规定，优质碳素结构钢中锰含量是 0.5%～0.8%，而较高锰含量碳钢中，锰含量可达 0.7%～1.2%。

（2）硅（Si）的影响

硅的含量低于 0.5% 时，认为是杂质。硅也是炼钢过程中为了脱氧而引入的。脱氧不完全的钢，如沸腾钢，其中的硅含量小于 0.3%。硅在钢中或者溶于铁素体内，或者以脱氧生成物 SiO_2 的形式残存于钢中。溶于铁素体的硅，可提高钢的强度、硬度，是一种有益元素。

（3）硫（S）的影响

碳钢中的硫来源于矿石和冶炼中的焦炭，硫以 FeS 的形态存在于钢中，FeS 与 Fe 能形成低熔点的化学物（熔点为 985℃），其熔点低于钢材热加工开始温度（1150～1200℃）。在热加工时，由于低熔点化合物的过早熔化而导致工件开裂，这种现象称为"热脆性"。硫含量越高，这种热脆性就越严重。所以硫是一种有害元素。钢中硫含量应控制在 0.07% 以下。

（4）磷（P）的影响

磷来源于矿石。磷在钢中能溶于铁素体内，使铁素体在室温时的强度提高，而塑性、韧性下降，即产生所谓的"冷脆性"，使钢的冷加工和焊接性能变坏，所以磷也是一种有害元素。磷含量越高，冷脆性越强，故钢中磷含量控制较严，一般应小于 0.06%。

（5）氧（O）的影响

炼钢以后，氧在钢中常以 MnO、SiO_2、Al_2O_3 等夹杂物形式存在，它们的熔点高、并以颗粒状存在于钢中，从而破坏了钢基体的连续性，大大降低了钢的力学性能，如冲击韧性、疲劳强度等。

（6）氮（N）的影响

铁素体的溶氮能力很低。当钢中溶有过量的氮，加热到 200～250℃ 时，会析出氮化物，这种现象称为"时效"，使钢的硬度、强度提高，塑性下降。在钢液中加入 Al、Ti 进行固氮处理，使氮固定在 AlN 和 TiN 中，就可消除钢的时效倾向。

（7）氢（H）的影响

氢在钢中的严重危害是造成"白点"。它常存在于轧制的厚板或大锻件中，在纵断面中可看到圆形或椭圆形的银白色斑点，在横断面上则表现为细长的发丝状裂纹。锻件中有了白点，使用时会突然断裂、造成事故。压力容器用钢材不允许有白点存在。

3.2.2 合金元素的影响

随着现代工业和科学技术的不断发展，对容器及设备的强度、硬度、韧性、耐磨性、耐腐蚀性以及各种物理、化学性能的要求也越来越高。而普通钢材的性能往往无法满足要求。合金钢是指在普通碳素钢基础上添加适量的一种或多种合金元素而构成的铁碳合金。根据添加元素的不同，并采取适当的加工工艺，可获得高强度、高韧性、耐磨、耐腐蚀、耐低温、耐高温、无磁性等特殊性能。

目前常用的合金元素有铬（Cr）、锰（Mn）、镍（Ni）、硅（Si）、硼（B）、钨（W）、铝（Al）、钼（Mo）、钒（V）、钛（Ti）和稀土元素（Re）等。各元素作用见表3-3。

表3-3 合金元素作用

元素名称	作　用
Mn	抑制FeS生成，防止热脆；细化珠光体组织；增加淬透性，提高钢的强度，增加锰含量有利于提高低温冲击韧性
Si	提高淬透性和抗回火性；增强在大气环境中的耐蚀性。硅含量增加会降低钢的塑性和冲击韧性
Cr	增加淬透性；提高高温抗氧化性；增加热强性
Ni	细化铁素体，提高塑性和韧性；改善耐蚀性和低温冲击韧性；提高热强性
Mo	提高淬透性；增加高温强度、硬度，细化晶粒，防止回火脆性；增强耐蚀性（有机酸及还原性介质）
Ti	强脱氧剂，固溶强化；细化晶粒，提高韧性；增加回火稳定性；减小铸锭缩孔和焊缝裂纹等倾向，在不锈钢中起稳定碳的作用，减少铬与碳化合的机会，提高抗晶间和应力腐蚀能力，还可提高耐热性
V	增加回火稳定性，提高钢的高温强度；细化晶粒提高韧性；提高蠕变强度和持久强度；抗氢腐蚀
Nb	增加回火稳定性；细化晶粒提高韧性；改善焊接性
Al	强脱氧剂，固溶强化；细化晶粒提高冲击韧性，降低冷脆性；改善抗高温氧化性和耐热性，对H_2S介质耐蚀性

3.3　压力容器用钢材

3.3.1　材料分类

压力容器材料可分类两大类：金属材料和非金属材料。金属材料又可分为黑色金属材料（钢材、生铁等）和有色金属材料（铜、铝、钛、镍及其合金等）。在众多的材料中，钢材应用最为广泛。钢材的分类方式较多，详见图3-6。

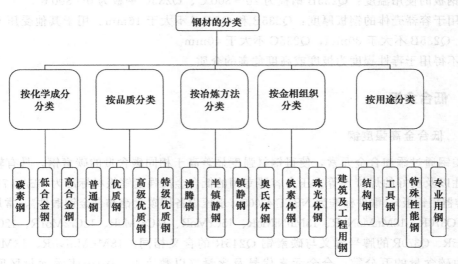

图3-6　钢材分类

压力容器广泛应用的材料是碳素钢、低合金钢和高合金钢，如图 3-7 所示。

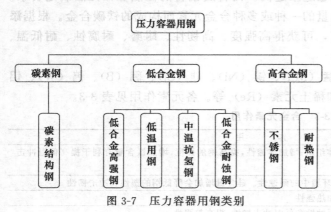

图 3-7　压力容器用钢类别

3.3.2　碳素钢

碳含量小于 2.11%，除铁、碳和微量的硅、锰、磷、硫等元素外，不含其他合金元素的铁碳合金称为碳素结构钢，简称碳素钢。

碳素钢的 A、B、C、D 四个质量等级，表示质量的由低到高。不同等级钢中的冲击韧性、冷弯试验要求不同，化学元素略有区别。

压力容器常用的碳素钢标准为 GB/T 699《优质碳素结构钢》、GB/T 3274《碳素结构钢和低合金结构钢热轧厚钢板和钢带》，常用牌号有 Q235B、Q235C、Q245R 等。这类钢的牌号由代表屈服强度的字母（Q）、屈服强度数值、质量等级符号（A、B、C、D）或容器钢代号（R）等按顺序组成。例如 Q235B 代表屈服强度为 235MPa、质量等级为 B 的碳素结构钢；Q245R 代表屈服强度为 245MPa 的碳素容器钢。

碳素钢 Q235B、Q235C 钢板用于压力容器钢时的使用限制如下：

① 化学成分应符合 GB/T 700《碳素结构钢》的规定，但其硫、磷含量应符合 S≤0.035%、P≤0.035%的要求。

② 厚度大于或等于 6mm 的钢板应进行冲击试验，试验结果应符合 GB/T 700 的规定。对使用温度 0～20℃，厚度大于或等于 6mm 的 Q235C 钢板，应增加横向试样的 0℃冲击试验。

③ 钢板应进行冷弯试验，冷弯合格标准按 GB/T 700 的规定。

④ 仅限用于设计压力小于 1.6MPa 的压力容器。

⑤ 钢板的使用温度：Q235B 钢板为 20～300℃、Q235C 钢板为 0～300℃。

⑥ 用于容器壳体的钢板厚度：Q235B 和 Q235C 不大于 16mm。用于其他受压元件的钢板厚度：Q235B 不大于 30mm，Q235C 不大于 40mm。

⑦ 不得用于毒性程度为极度或高度危害的介质。

3.3.3　低合金钢

3.3.3.1　低合金高强度钢

这类钢通过添加合金元素，使得钢材强度显著高于相同碳含量的碳素钢，具有较好的韧性和塑性以及良好的焊接性等。压力容器专用的低合金高强度钢板材标准为 GB/T 713《锅炉和压力容器用钢板》，锻件标准为 NB/T 47008《承压设备用碳素钢和合金钢锻件》，常用牌号有 Q345R、Q370R、18MnMoNbR、13MnNiMoR、15CrMoR、14Cr1MoR、12Cr2Mo1R、12Cr1MoVR 等。Q345R、Q370R 的牌号含义与碳素钢 Q245R 的含义相同。18MnMoNbR、13MnNiMoR 等牌号由碳含量的万分数、合金元素代号及含量（以数字 2、3……表示含量区间，低于 1.5%不标注含量）以及钢种性质（如容器钢 R）等组成。

3.3.3.2　低温用低合金钢

在化工行业中，有些压力容器处于低温状态下工作，必须采用能承受低温的金属材料制造。普通碳素钢在低温下（-20℃以下）会变脆，冲击韧性显著下降，容易引起低温脆断，造成严重后果。因此，对低温用钢的基本要求是：具有良好的低温韧性，良好的加工工艺性和可焊性。为了保证这些性能，低温钢的碳含量应尽可能降低，其平均碳含量为0.08%～0.18%，再加入适量的Mn、Al、Ti、Nb、Cu、V、N等元素以改善钢的综合力学性能。

压力容器专用低温钢板材标准GB/T 3531《低温压力容器用低合金钢钢板》、锻件标准NB/T 47009《低温承压设备用低合金钢锻件》，常用牌号有16MnDR、15MnNiDR、09MnNiDR、07MnNiVDR、07MnNiMoDR、15MnNiNbDR、08Ni3DR、06Ni9DR。这类钢的牌号由锰含量的千分数、其他合金元素代号及含量（以数字2、3……表示含量区间，低于1.5%不标注含量）以及钢种性质（如低温钢D、容器钢R）等组成。例如，16MnDR表示锰含量1.6%的低温容器钢。

3.3.4　碳素钢和低合金钢用于压力容器的特殊规定

① 碳素钢和低合金钢板制压力容器，应在正火状态下使用的要求：

a. 采用Q245R和Q345R制造多层容器的内筒；

b. 压力容器壳体材料为Q245R和Q345R，且厚度大于36mm；

c. 用Q245R和Q345R制造厚度大于50mm的管板、法兰、平盖等受压元件。

② 碳素钢和低合金钢板制压力容器，应逐张（按热处理张）进行拉伸试验和V形缺口冲击试验的要求：

a. 碳素钢和低合金钢经过调质热处理；

b. 用于制造多层容器的内筒；

c. 用于制造筒体壁厚大于60mm压力容器。

③ 碳素钢和低合金钢板用于压力容器壳体，应逐张进行超声波检测的要求：

a. NB/T 47013.3-UT质量等级不低于Ⅲ级的钢板厚度大于30mm的Q245R；

b. NB/T 47013.3-UT质量等级不低于Ⅱ级的钢板厚度大于36mm的Q345R；厚度大于25mm的Q370R、Mn-Mo系、Cr-Mo系、Cr-Mo-V系钢板；厚度大于20mm的16MnDR、Ni系低温钢（调质状态除外）；厚度大于12mm的介质毒性为极度或高度危害或在湿H_2S环境或设计压力大于或等于10MPa的压力容器；

c. NB/T 47013.3-UT质量等级不低于Ⅰ级的钢板厚度大于16mm的调质状态使用钢；厚度大于12mm的多层容器内筒钢板。

④ 用于压力容器碳素钢和低合金钢板需要增加高温拉伸试验的要求：

用于设计温度高于200℃的Q370R钢板，设计温度高于300℃的18MnMoNbR、13MnNiMoR、12CrMo1VR钢板应按批进行设计温度下的高温拉伸试验。

3.3.5　高合金钢

3.3.5.1　不锈钢

不锈钢是指耐介质腐蚀的钢。根据所含主要元素的不同，不锈钢分为以铬为主的铬不锈钢和以铬、镍为主的铬镍不锈钢。压力容器用不锈钢板材标准为 GB 24511《承压设备用不锈钢钢板及钢带》、锻件标准为 NB/T 47008《承压设备用碳素钢和合金钢锻件》。

（1）铬不锈钢

在铬不锈钢中，起耐腐蚀作用的主要元素是铬，铬能固溶于铁的晶格中形成固溶体。在氧化性介质中，铬能生成一层稳定而致密的氧化膜，对钢材起保护作用而且耐腐蚀。但这种耐腐蚀作用的强弱常与钢中的含碳、含铬量有关。当铬含量大于 11.7％时，钢的耐蚀性就显著地提高，而且铬含量越大越耐蚀。但由于碳是钢中必须存在的元素，它能与铬形成铬的碳化物（如 Cr23C6 等），因此可能消耗大量的铬，致使铁固溶体中的有效铬含量减少，使钢的耐蚀性降低，故不锈钢中碳含量越少越耐腐蚀。为了使铁固溶体中的铬含量不低于 11.7％，以保证耐腐蚀性能，就要将不锈钢的铬含量适当地提高，所以实际应用的不锈钢，其平均铬含量都在 13％以上。常用的铬不锈钢有：

① 1Cr13（碳含量≤0.15％）和 2Cr13（平均碳含量为 0.2％的钢种） 经调质后有较高的强度和韧性，并对弱腐蚀介质（如盐水溶液、硝酸、浓度不高的某些有机酸等）在温度低于 30℃时，有良好的耐蚀性。在淡水、海水、蒸汽、潮湿大气条件下，也具有足够的耐蚀性，但在硫酸、盐酸、热硝酸、熔融碱中耐蚀性低，故多用作化工压力容器、设备中受力大的耐蚀零件、螺栓、轴、阀件等。

② 0Cr13 和 Cr17Ti 等钢种 因含形成奥氏体的碳元素量少（都小于 0.1％），铬含量高，且铬、钛都是形成铁素体的元素，故在高温与常温下都是铁素体组织，因而常在退火状态下使用。它们具有较好的塑性，而且耐氧化性酸（如稀硝酸）和 H₂S 气体腐蚀，故常用来部分代替高镉镍 18-8 型不锈钢用于压力容器上。

（2）铬镍不锈钢

铬镍不锈钢的典型牌号是 0Cr18Ni9，其中含 C≤0.08％、Cr 17％～19％、Ni 8％～11％，故常以其 Cr、Ni 平均含量"18-8"来表示这种钢的代号。因钢中含有形成奥氏体的镍元素量较多，故 18-8 钢加热至 1100～1150℃，并在水中淬火后，常温下也能得到单一的奥氏体组织，钢中的 C、Cr、Ni 都全部固溶在奥氏体晶格中。经这种热处理后，奥氏体18-8不锈钢具有较高的抗拉强度，较低的屈服点，极好的塑性和韧性，其焊接性能和冷弯成型等工艺性能也很好，是目前用来制造各种贮槽、塔器、反应容器等使用最广泛的一类不锈钢。

18-8 钢中，除具有氧化铬薄膜的保护外，因镍能使钢得到单一的奥氏体组织，故在很多介质中比铬不锈钢具有更高的耐蚀性。18-8 钢对 65％以下、温度低于 70℃，或 60％以下、温度低于 100℃的硝酸，以及苛性碱（熔融碱除外）、硫酸盐、硝酸盐、硫化氢、醋酸等都耐腐蚀，并且有良好的抗氢、氮性能，而对还原性介质，如盐酸、稀硫酸等则是不耐蚀的。18-8 钢在含有氯离子的容器中易遭受腐蚀，严重时往往引起钢板穿孔腐蚀。

另外，18-8 钢容易产生一种所谓晶间腐蚀的现象。当 18-8 钢加热到 400～850℃，或自高温缓慢冷却（如焊接）时，碳会从过饱和奥氏体中以碳化铬（Cr23C6）的形式沿晶界析出，由于晶界附近碳与大量铬结合，使晶界附近的铬含量降低至不锈钢耐腐蚀所需要的最低含量（12％）以下，从而使腐蚀集中在晶界附近的贫铬区，这种沿晶界附近产生的腐蚀现象，称为晶间腐蚀。

3.3.5.2 耐热钢

普通碳钢一般仅能用于 400℃以下。当温度进一步升高时，碳钢的强度和抗氧化能力显著降低。因此，在一些高温场合，需要选用耐热钢。高温设备对钢材的要求主要是良好的热稳定性和热强性。

（1）热稳定性

热稳定性是指钢材抵抗高温气体（如 O_2、H_2S、SO_2 等）腐蚀的能力。对一般耐热钢来说，高温气体主要是指 O_2，所以，耐热钢的稳定性主要是抗氧化性。

在钢中加入 Cr、Al、Sr 等合金元素，可以提高钢的稳定性，这主要是由于钢中的 Cr（或 Al、Si）被氧化后能生成一层致密的氧化膜，保护钢的表面，从而避免氧的继续侵蚀。

（2）热强性

在一定热稳定性的前提下，钢材的高温强度越高，蠕变过程越缓慢，说明其热强性越好。为了提高钢的热强性，通常采用三种方法：

① 强化固溶体。在钢中加入 Cr、Mo 等元素，在高温时仍可固溶强化铁素体和奥氏体。

② 稳定金相组织。钢中加入 Cr、Mo、V、Ti 等形成稳定碳化物的元素，便可在高温下抑制和阻止珠光体中渗碳体的球化、聚集和石墨化等，从而减少或消除因金相组织不稳定而造成热强性降低的现象。同时，由于这些稳定碳化物分布于钢组织（特别是碳化钒常呈弥散形式分布于晶内或晶间），可显著提高钢材对高温蠕变的抗力，故可提高使用温度。

③ 提高钢的再结晶温度。明显的蠕变主要是在再结晶温度以下产生，若设法提高钢的再结晶温度，便可提高热强性。在钢中加入合金元素 Mo、Cr、W，可显著提高钢的再结晶温度，其中 Mo 的作用最大，每增加 1% 的 Mo，约可提高再结晶温度 115℃，而每增加 1% 的 Cr，约可提高再结晶温度 45℃。在钢中加入多量的 Ni、Mn 和少量的氮，便使钢得到单一的奥氏体组织，从而使钢的再结晶温度由普通碳钢的 450℃ 提高到 800℃ 以上。

3.4 压力容器选材原则

压力容器用材料除了应符合 GB/T 150.2—2011 的规定，在选择压力容器材料时，还应综合考虑以下因素：

（1）压力容器操作条件

如设计压力、设计温度、介质特性和操作特点等。

（2）材料的使用性能

如力学性能、物理性能、化学性能等。

（3）材料的加工工艺性能

如焊接性能、热处理性能等。

（4）经济合理性及容器结构

如材料价格、制造费用和使用寿命等。

（5）选材方法

除上述选材原则外，设计中推荐采用的选材方法如下：

① 所需钢板厚度小于 8mm 时，在碳素钢和低合金钢之间，优先选用碳素钢钢板（多层容器用材除外）；

② 在以强度设计为主时，应根据材料对压力、温度、介质等的使用限制，依次选用 Q245R、Q345R、13MnNiMoR 等钢板；在刚度或结构设计为主的场合，应尽量选用普通碳素钢；高压容器应优先选用低合金、高中强度钢；

③ 所需不锈钢厚度大于 12mm 时，应尽量采用衬里、复合、堆焊等结构型式；另外，

不锈钢尽量不做设计温度小于 500℃ 的耐热用钢；

④ 温度不低于 −100℃ 的低温用钢，应尽可能采用无镍铬铁素体钢，以代替镍铬不锈钢和有色金属；中温用钢（温度不超过 500℃）可采用含钼或铝的中、高强度钢，以代替 Cr-Mo 钢；

⑤ 在有强腐蚀介质的情况下，要积极试用无镍、铬或少镍、铬的新型合金钢；对要求耐大气腐蚀和海水腐蚀的场合，应尽量采用我国自己研制的含铜和含磷等钢种；

⑥ 碳素钢用于介质腐蚀性不强的常压或低压容器、厚度不大的中压容器、锻件、承压钢管、非受压元件以及其他由刚性和结构因素决定厚度的场合；

⑦ 低合金高强度钢用于介质腐蚀性不强、厚度较大（≥8mm）的受压容器；

⑧ 珠光体耐热钢用作抗高温、抗氢或硫化氢腐蚀，或设计温度为 350~650℃ 的压力容器用耐热钢；

⑨ 不锈钢用于介质腐蚀性较强（电化学腐蚀、化学腐蚀）及防铁离子污染时的耐腐蚀用钢，以及设计温度大于 500℃ 或小于 −100℃ 的耐热或低温用钢；

⑩ 用作设备法兰、管法兰、管件、人孔、液面计等化工设备标准零部件的钢材，应符合有关零部件的国家标准、行业标准对钢材的技术要求。

【例 3-1】 一直径 800mm 的储罐，用于盛装经氨压缩机压缩并被水冷凝的液氨，使用地点位于哈尔滨，试为该储罐选择合适的材料。

【例题解答】

（1）查询介质特性

液氨对大多数钢材的腐蚀作用很小。

（2）确定使用工况参数

氨气冷凝时的压力一般在 0.9~1.4MPa 范围内。由于液氨储罐大多露天放置，因此储罐内液氨的温度和压力直接受大气温度的影响。夏季储罐经太阳暴晒，温度可达 40℃ 或更高，这时氨的饱和蒸气压为 1.554MPa；冬季哈尔滨月平均最低气温约为 −24℃，此时氨的饱和蒸气压为 0.159MPa 左右。因此储罐的操作压力和温度是波动的。

根据 TSG 21—2016《固容规》的规定，液氨储罐的工作压力按 50℃ 时液氨的饱和蒸气压确定，即为 2.033MPa。

（3）选择材料

根据上述分析可知，该储罐属于中压、低温容器，同时压力和温度有波动。对材料的要求是耐压、耐低温，且抗压力波动。由于直径为 800mm，故需要选择板材。根据选材原则，应优先选用低合金钢钢板，如 Q345R 等。

【结果分析及点评】

① 明确介质特性及操作条件是选材的前提。

② 选材首先要符合法规、标准等规定。

【例 3-2】 一容量 40m³ 的储罐，用于盛装常温、常压 98% 的浓硫酸。间歇操作，通蒸汽清洗，请问该储罐如何选材。

【例题解答】

（1）查询介质特性

硫酸腐蚀性有两大特点：一是稀硫酸在一定温度下对碳钢的腐蚀速率随浓度提高而增加，但达到一定浓度后，腐蚀速率随浓度的提高而急剧下降；二是同一浓度的硫酸随着温度的升高，腐蚀大大增加。

（2）确定使用工况参数

盛装浓硫酸时的操作条件为常压、常温。当通蒸汽吹扫时，压力为常压，温度为吹扫蒸汽的温度，一般低于200℃。

（3）选择材料

根据表3-2，碳钢、18-2不锈钢均耐浓硫酸腐蚀。18-8不锈钢虽然满足耐腐蚀要求，但价格高，如此大容器的储罐，若全部用18-8不锈钢造价过高，不宜选用。碳钢虽然耐浓硫酸腐蚀，但由于储罐为间歇操作，一旦采用蒸汽吹扫时，罐内残留的浓硫酸被蒸汽稀释，变为稀硫酸。而碳钢不能耐稀硫酸腐蚀，故也不能直接应用。

综上，该储罐最佳的选材方案为采用碳钢如Q235制作外壳以满足强度要求，内部采用耐腐蚀衬里如橡胶、玻璃钢等解决稀硫酸腐蚀问题。

【结果分析及点评】

① 经济性是选材必须考虑的一个因素。

② 单一选材无法满足要求时，可考虑复合结构。

 习 题

1. 名词解释

（1）强度；（2）屈服；（3）屈服强度；（4）弹性模量；（5）抗拉强度；（6）屈强比；（7）塑性；（8）延伸率；（9）断面收缩率；（10）硬度；（11）冲击韧性；（12）泊松比；（13）线膨胀系数；（14）耐腐蚀性；（15）抗氧化性；（16）力学性能；（17）物理性能；（18）加工工艺性能；（19）碳素钢；（20）合金钢；（21）热脆性；（22）冷脆性；（23）氢腐蚀；（24）容器钢；（25）马氏体不锈钢；（26）奥氏体不锈钢；（27）低温钢。

2. 填空题

（1）材料性能包括_____、_____、_____、_____四种。

（2）材料在外力作用下抵抗变形和破坏的能力称为_____；材料表现的固有属性称为_____；材料在所处介质中的化学稳定性叫做_____；材料在加工过程中具有的适用加工的性能叫做_____。

（3）常用的材料力学性能的特征指标包括_____、_____、_____、_____。

（4）弹性阶段，材料的应力应变关系满足_____。

（5）弹性模量反映了材料_____的能力。

（6）工程上所用的金属材料，屈强比越_____（高、低），材料塑性储备越_____（大、小），越不容易发生危险的脆性破坏。

（7）材料产生弹性变形难易程度的衡量指标是_____。

（8）试件单位横向收缩变形与单位纵向伸长变形之比称为_____。对钢材，该参数数值为_____。

（9）按照品质的好坏，碳素钢可分为_____、_____、_____。

（10）碳素钢的碳含量_____；中碳钢的碳含量_____。

（11）对钢材性能有益的杂质元素一般有_____、_____等；有害的杂质元素一般有_____、_____、_____、_____等。

（12）与试样尺寸相关的塑性指标是_____；无关的是_____。

（13）工程上常以_____衡量金属的冲击韧性。

3. 判断题

（1）硬度并非单纯物理量，而是综合反映材料弹性、强度、塑性和韧性等。　　　　　（　　）

（2）材料抵抗变形的能力称为塑性。　　　　　（　　）

（3）材料屈强比越高，越有利于发挥材料的强度，因此屈强比越高越好。　　　　　（　　）

(4) 一般来说，硬度高的材料，强度及耐磨性均较高。 （　　）

(5) 硅对材料性能有害。 （　　）

(6) 合金钢的强度比碳素钢高。 （　　）

(7) 压力容器选材时，应尽量选择强度高的材料。 （　　）

(8) 不锈钢具有较高的强度及耐腐蚀性。 （　　）

(9) 弹性模量 E 和泊松比 μ 均为材料的重要力学性能参数。一般钢材的 E 和 μ 比较稳定，不随温度的变化而变化。 （　　）

(10) 材料的冲击韧性高，则其塑性指标也高；反之，当材料的塑性指标高，其冲击韧性也一定高。 （　　）

4. 论述题

(1) 指出下列钢材的种类、碳含量及合金元素含量。

牌　　　号	种　类	碳含量/%	合金元素含量/%	符 号 意 义
Q235-A				A：
18MnMoNbR				R：
Q345R				Q：
09MnNiDR				D：
14Cr1Mo				—
0Cr13				—
S30408				—

(2) 为下面工况的压力容器选择合适的材料。

容　　　器	介　　　质	设计温度/℃	设计压力/MPa	供选材料（选中者画圈）
氨合成塔筒体 （ϕ3000mm）	氢、氮、少量氨	≤200	15	S32168 SA387 Q235A 18MnMoNbR 15CrMn13MnNiMoR
液氨贮槽 （ϕ2600mm，L=4800mm）	液氨	≤50	2.16	Q235-A Q345R S30408 铜、铝
溶解乙炔气瓶蒸发釜 （ϕ1500mm，L=15000mm）	水蒸气	≤200	15	Q235-A S30403 20 Q345R 18MnMoNbR， 07MnCrMoVR
高温高压废热锅炉的 高温气侧壳体内衬	转化器（H_2、CO_2、N_2、CO、H_2O、CH_4、Ar）	890～1000	3.14	18MnMoNbR 0Cr13 Q235A Cr25Ni20 S32168

4 内压容器强度安全设计（一）
——回转薄壳的应力分析理论

　　壳体是两个近距同形曲面围成的结构，两曲面的垂直距离为壳体厚度。平分壳体厚度的曲面叫做壳体中面。壳体几何形状可由中面形状和壳体厚度确定。壳体中面（直线或平面曲线）绕同平面内的回转轴旋转 360°而成的壳体为回转壳体。压力容器壳体形状多样，但一般均为回转壳体。平面曲线形状不同，所得到的回转壳体形状便不同。例如，与回转轴平行的直线旋转一周形成圆柱壳、半圆形曲线旋转一周形成球壳、与回转轴相交的直线旋转一周形成圆锥壳等，如图 4-1 所示。当回转壳体的外径 D_o 与内径 D_i 之比 $K \leqslant 1.2$ 时，称为回转薄壳。中低压压力容器壳体一般均为回转薄壳。本章关注回转薄壳的应力分析理论。

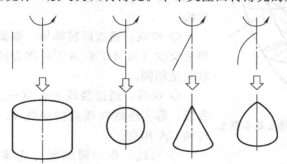

图 4-1　回转壳体示意图

4.1 回转薄壳的薄膜应力理论

4.1.1 基本假设及概念

4.1.1.1 基本假设

　　假定壳体完全弹性，材料具有连续性、均匀性和各向同性。此外，为了使材料力学中对于梁的假设推广应用到壳体，做以下假设使问题简化：

（1）小位移假设

　　假设壳体受力后，各点位移均远小于厚度。根据此假设，在考虑变形后的平衡状态时，可以忽略高阶微量，利用变形前的尺寸代替变形后的尺寸。

（2）直线法假设

壳体变形前垂直于中面的直线段，在壳体变形后仍为直线，并垂直于变形后的中面。联系假设（1）可知，变形前后的法向线段长度不变。根据此假设，沿厚度各点的法向位移均相同，变形前后壳体厚度不变。

（3）不挤压假设

壳体各层纤维变形前后均互不挤压。根据此假设，与壳壁其他应力分量相比，壳壁法向应力可以忽略，应力分析变为平面问题。这一假设仅适用于薄壳。

上述假设实质上是把材料力学中对于梁的假设推广用于壳体。对于薄壁壳体，采用上述假设所得的结果足够精确。

4.1.1.2　基本概念

如图 4-2 所示，为一典型回转薄壳的中面。为便于开展应力分析，首先介绍与回转薄壳几何特性相关的基本概念。

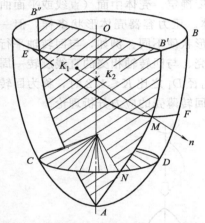

图 4-2　回转薄壳几何特性及基本概念

◇ 轴对称：轴对称是指壳体的几何形状、约束条件和所受载荷均对称于回转轴。压力容器承压壳体通常可简化为轴对称问题。本章讨论的是满足轴对称条件的回转薄壳。

◇ 母线：回转壳体的中面是由平面曲线 AB 绕回转轴 OA 旋转一周而成，形成中面的平面曲线 AB 称为母线。

◇ 经线：通过回转轴做一纵截面与壳体曲面相交所得的交线（如 AB' 和 AB''）称为经线。经线与母线的形状完全相同。

◇ 法线：通过经线上任意一点 M 做垂直于经线的直线，称为经线在该点的法线 n，法线的延长线必与回转轴 OA 相交。

◇ 纬线：作一圆锥面与壳体中面正交，交线叫做"纬线"。过 N 点做垂直于回转轴的平面与中面相交形成的圆（CND）即为纬线。

◇ 第一曲率半径 R_1：中面上任一点 M 处经线的曲率半径称为该点的第一曲率半径 R_1，$R_1 = MK_1$。

◇ 第二曲率半径 R_2：通过经线上任一点 M 的法线做垂直于经线的平面与中面相割形成的曲线 EMF，此曲线在 M 点处的曲率半径称为该点的第二曲率半径 R_2。第二曲率半径的中心 K_2 落在回转轴上，其长度等于法线段 MK_2，即 $R_2 = MK_2$。

4.1.2　回转薄壳应力特点

如图 4-3 所示，当回转壳体承受内压 p 作用时会发生鼓胀变形，直径增大，故壳体的"环向纤维"伸长，因此壳体纵向截面必定有应力产生，该应力称为环向（周向）应力，用 σ_θ 表示。由于壳体两端封闭，在内压 p 作用下，壳体的"纵向纤维"也伸长，因此壳体横向截面也必定有应力产生，该应力称为轴向（经向）应力，以 σ_m 表示。严格地说，在壳体直径增大的同时，壳体曲率发生变化，因此，在壳体厚度方向还存在弯曲应力。但对回转薄壳来说，由于厚度较小，可以忽略厚度方向产生的弯曲应力，认为壳体内仅存在沿厚度均匀分布的正应力（σ_θ、σ_m），即处于双向应力状态。

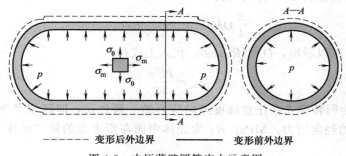

图 4-3　内压薄壁圆筒应力示意图

回转薄壳应力分析的任务是确定壳体经向应力 σ_m、环向应力 σ_θ 的计算公式。

4.1.3　经向应力计算——区域平衡方程式

分析经向应力时，若采用垂直于轴线的横截面截取回转壳体，则截得的壳体的"厚度"并非真正的厚度，而且不同横截面截取的"厚度"也不同。此处，截面上不仅有正应力，还有剪应力，不便于分析。因此，为了分析任一维度上的经向应力，必须以该纬度的锥底做一圆锥面，其顶点在壳体轴线上，圆锥面的母线长度即为回转壳体曲线在该纬线上的第二曲率半径 R_2，如图 4-4（a）、（b）所示。

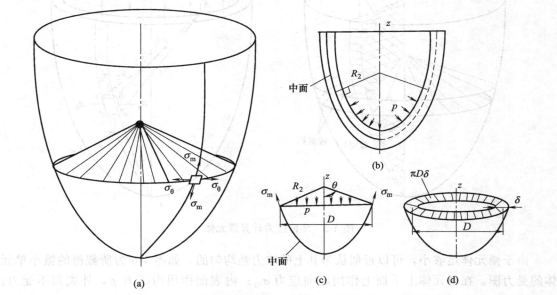

图 4-4　回转壳体经向应力分析

圆锥面将壳体分为两部分，取其下部作为研究对象，如图 4-4（c）、（d）所示，列 z 向静力平衡方程。

作用在该部分上的外力（内压）在 z 向的合力 p_z：

$$p_z = \frac{\pi}{4}D^2 p$$

作用在截面上的应力在 z 轴上的投影为 N_z：

$$N_z = \sigma_m \pi D \delta \sin\theta$$

根据 z 向的平衡条件 $p_z = N_z$，得：

$$\frac{\pi}{4}D^2 p - \sigma_m \pi D \delta \sin\theta = 0$$

由图 4-4（c）可以看出，$D = 2R_2 \sin\theta$，代入上式得：

$$\sigma_m = \frac{pR_2}{2\delta} \tag{4-1}$$

式（4-1）即为回转薄壳在任意纬度经向应力的一般公式，即区域平衡方程式。在该式中，σ_m 为所求点的经向应力，MPa；R_2 为壳体中面在所求点的第二曲率半径，mm；δ 为壳体厚度，mm。

4.1.4 环向应力计算——微体平衡方程式

回转壳体中的环向应力作用在壳体的经向平面内。但在经向截面的不同纬线上，环向应力不同，故无法用经向截面法求解环向应力。

从壳体上截取一个微元体，考察其平衡。由两个相近的经向平面及两个相近的经线正交的圆锥面在回转壳体上截取微元体，如图 4-5 所示。

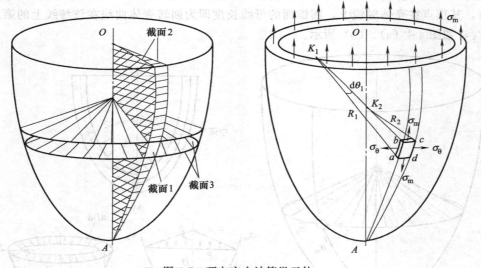

图 4-5 环向应力计算微元体

由于微元体足够小，可以近似认为其上的应力是均匀的。如图 4-6 为所截得的微小单元体的受力图。在单元体上下面上作用经向应力 σ_m；内表面作用内压力 p，外表面不受力；另外两个与纵截面相应的面上作用环向应力 σ_θ。考察微小单元体的平衡：

内压 p 在微元体 $abcd$ 上外力的合力在法线 n 上的投影 p_n：

$$p_n = p\,dl_1 dl_2$$

bc 和 ad 截面经向应力 σ_m 的合力在法线 n 上投影 N_{mn}：

$$N_{mn} = 2\sigma_m \delta\,dl_2 \sin\frac{d\theta_1}{2}$$

ab 和 cd 截面上环向应力 σ_θ 的合力在法线 n 上投影 $N_{\theta n}$：

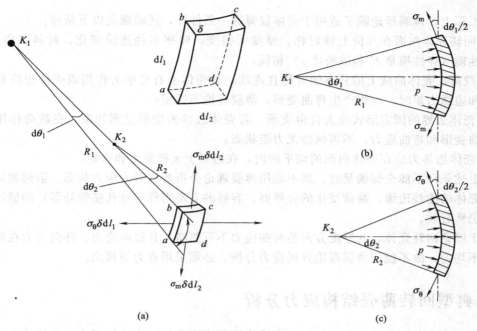

图 4-6　环向应力微元体受力分析

$$N_{\theta n} = 2\sigma_\theta \delta \mathrm{d}l_1 \sin \frac{\mathrm{d}\theta_2}{2}$$

根据法线 n 方向上力的平衡条件 $p_n - N_{mn} - N_{\theta n} = 0$，得：

$$p \mathrm{d}l_1 \mathrm{d}l_2 - 2\sigma_m \delta \mathrm{d}l_2 \sin \frac{\mathrm{d}\theta_1}{2} - 2\sigma_\theta \delta \mathrm{d}l_1 \sin \frac{\mathrm{d}\theta_2}{2} = 0$$

因为微小单元体的夹角 $\mathrm{d}\theta_1$ 与 $\mathrm{d}\theta_2$ 很小，因此取：

$$\sin \frac{\mathrm{d}\theta_1}{2} \approx \frac{\mathrm{d}\theta_1}{2} = \frac{\mathrm{d}l_1}{2R_1}$$

$$\sin \frac{\mathrm{d}\theta_2}{2} \approx \frac{\mathrm{d}\theta_2}{2} = \frac{\mathrm{d}l_2}{2R_2}$$

代入，并对各项均除以 $\delta \mathrm{d}l_1 \mathrm{d}l_2$，整理得：

$$\frac{\sigma_m}{R_1} + \frac{\sigma_\theta}{R_2} = \frac{p}{\delta} \tag{4-2}$$

式（4-2）即为计算回转薄壳在内压 p 下环向应力的一般公式，即微体平衡方程式。式中，σ_θ 为所求点的环向应力，MPa；R_1 为回转壳体中面在所求点的第一曲率半径，mm。其他符号含义同前。

4.1.5　轴对称回转壳体薄膜理论的适用范围

在推导区域平衡方程式以及微体平衡方程式时，均以应力沿厚度方向均匀分布为前提。这种情况只有当容器壁面较薄以及与结构连接区域较远时才准确。这种应力与承受内压的薄膜类似，故称为"薄膜理论"。将沿壳体厚度均匀分布的正应力称为薄膜应力。薄膜应力是只有拉、压正应力，没有弯曲正应力的两向应力状态，故薄膜理论又称为"无力矩理论"。只有在不存在弯曲变形或者弯曲变形不大的情况下的轴对称回转壳体，薄膜理论的结果才正确。

在工程上，薄膜理论除了适用于壳体较薄这一条件外，还需满足以下条件：

◇ 回转壳体曲面在几何上轴对称，厚度无突变，曲率半径连续变化，材料各向同性，且物理性能（弹性模量 E 和泊松比 μ）相同；

◇ 载荷在壳体曲线上的分布轴对称且连续，若壳体上有集中力作用或壳体边缘处存在边缘力和边缘力矩时，均将产生弯曲变形，薄膜理论不适用；

◇ 壳体边界的固定形式应为自由支承，若壳体边界的变形受到约束，在载荷作用下将引起弯曲变形和弯曲应力，不再保持无力矩状态；

◇ 壳体边界力应在壳体曲面的切平面内，在边界上无横剪力和弯矩。

当上述条件不能全部满足时，就不能用薄膜理论分析弯曲时的应力状态。但远离局部区域（如壳体的连接边缘、载荷变化的分界面、容器的支座附件与开孔接管处等）的情况，薄膜理论仍然有效。

对于厚壁回转壳体，其厚度方向的弯曲应力不可忽略，且经向应力、环向应力在厚度方向分布不均匀，故不能用薄膜理论开展应力分析，必须采用有力矩理论。

4.2 典型回转薄壳结构应力分析

本节将应用薄膜理论对典型回转薄壳结构进行应力分析，为开展压力容器筒体及封头的强度设计做准备。

4.2.1 受气体内压作用的筒形薄壳

【例 4-1】 如图 4-7 为一承受内压 p 的圆筒形薄壳。已知壳体平均直径为 D，壁厚为 δ，求圆筒上任意一点 A 处的经向应力 σ_m 和环向应力 σ_θ。

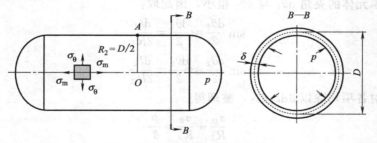

图 4-7 承受内压的圆筒形容器

【例题解答】

根据区域平衡方程式（4-1）：

$$\sigma_m = \frac{pR_2}{2\delta}$$

式中，R_2 为第二曲率半径，其确定方式如下：自 A 点做圆筒经线（本题为直线）的垂线交轴线于 O 点，则 $R_2 = OA$。由图 4-7 知：

$$R_2 = \frac{D}{2}$$

代入得：

$$\sigma_m = \frac{pD}{4\delta} \tag{4-3}$$

根据微体平衡方程式（4-2）：

$$\frac{\sigma_m}{R_1} + \frac{\sigma_\theta}{R_2} = \frac{p}{\delta}$$

式中，p、δ 为已知量，σ_m、R_2 前面已求得。R_1 为壳体经线在所求应力点的第一曲率半径。对圆筒体，经线为直径，故：

$$R_1 \to \infty$$

代入，得：

$$\sigma_\theta = \frac{pD}{2\delta} \tag{4-4}$$

【结果分析及点评】

① 求解经向应力 σ_m、环向应力 σ_θ 的关键是确定所求应力点的第二曲率半径 R_2 和第一曲率半径 R_1。

② 圆筒形壳体承受内压时，其环向应力 σ_θ 是经向应力 σ_m 的 2 倍。

③ 圆筒形壳体承受内压时，壳体经向应力、环向应力均与圆筒的 δ/D 成反比。δ/D 的大小体现了圆筒承压能力的高低。也就是说，衡量圆筒的承压能力，不能仅看壁厚 δ。

④ 薄壁圆筒压力容器的壁面可简化为如图 4-7 所示的筒形薄壳，其应力可依据公式（4-3）、公式（4-4）计算。

4.2.2 受气体内压作用的球形薄壳

【例 4-2】 如图 4-8 为一承受内压 p 的球形壳体。已知其平均直径为 D，厚度为 δ，内压为 p，求球壳中任意一点 A 处的应力。

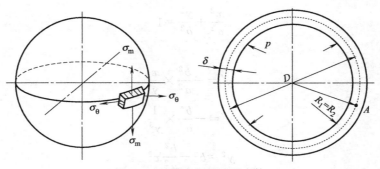

图 4-8 承受内压的球形壳体

【例题解答】

由图 4-8 可知，对于球壳，其曲面在任意点 A 处的第一曲率半径 R_1 与第二曲率半径 R_2 均等于球壳的半径 R，即：

$$R_1 = R_2 = \frac{D}{2}$$

将其代入区域平衡方程式（4-1）、微体平衡方程式（4-2）可得：

$$\sigma_m = \sigma_\theta = \frac{pD}{4\delta} \tag{4-5}$$

【结果分析及点评】

① 求解经向应力 σ_{m}、环向应力 σ_{θ} 的关键是确定所求应力点的第二曲率半径 R_2 和第一曲率半径 R_1。

② 对于球壳，任意点处的经向应力与环向应力均相等。

③ 将球壳的环向应力与圆筒壳的环向应力对比可发现，承受相同的内压 p，球壳的环向应力是同直径 D、同厚度 δ 的圆筒壳环向应力的 $1/2$。这说明球壳的承压能力高于圆筒壳。这是球壳显著的优点。

④ 球状薄壁压力容器、圆筒形薄壁压力容器的半球形封头均可简化为球形薄壳，其应力可依据公式（4-5）计算。

4.2.3 受气体内压作用的椭球薄壳

【例 4-3】 如图 4-9 所示为一承受内压 p 的椭球形壳体中面。已知其长轴半长为 a，短轴半长为 b，厚度为 δ，求椭圆球壳任意一点 A 处的应力。

【例题解答】

椭球壳体是由四分之一椭圆曲线绕回转轴旋转而成。首先确定任意点 A 处的第一曲率半径 R_1 和第二曲率半径 R_2。

（1）第一曲率半径 R_1

R_1 为壳体经线的平面曲率半径，若经线的曲线方程为 $y = y(x)$，则

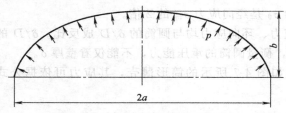

图 4-9 承受内压的椭球形壳体

$$R_1 = \left| \frac{[1+(y')^2]^{3/2}}{y''} \right|$$

壳体的经线为椭圆，其曲线方程为：

$$\frac{x^2}{a^2} + \frac{y^2}{b^2} = 1$$

由此得：

$$y' = -\frac{b^2}{a^2} \times \frac{x}{y}$$

$$y'' = -\frac{b^4}{a^2} \times \frac{1}{y^3}$$

$$y^2 = b^2 - \frac{b^2}{a^2} x^2$$

代入可得：

$$R_1 = \frac{1}{a^4 b} [a^4 - x^2(a^2 - b^2)]^{3/2}$$

（2）第二曲率半径 R_2

采用作图法求解 R_2。如图 4-10 所示，自任意点 $A(x,y)$ 做经线的垂线，交回转轴于 O 点，则 OA 即为 R_2。根据几何关系，得：

$$R_2 = \frac{x}{\sin\theta}$$

因为

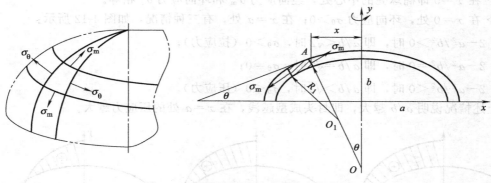

图 4-10 承受内压的椭球壳体应力分析

$$y' = \tan\theta$$

所以：

$$\sin\theta = \frac{|y'|}{[1+(y')^2]^{1/2}}$$

故：

$$R_2 = \frac{[1+(y')^2]^{1/2}x}{|y'|}$$

将 $y' = -\frac{b^2}{a^2} \times \frac{x}{y}$ 代入：

$$R_2 = \frac{(a^4y^2 + b^4x^2)^{1/2}}{b^2}$$

再将 $y^2 = b^2 - \frac{b^2}{a^2}x^2$ 代入：

$$R_2 = \frac{1}{b}\left[a^4 - x^2(a^2 - b^2)\right]^{1/2}$$

（3）应力计算

将 R_1、R_2 分别代入区域平衡方程式（4-1）、微体平衡方程式（4-2），得：

$$\sigma_m = \frac{p}{2\delta b}\sqrt{a^4 - x^2(a^2 - b^2)} \tag{4-6}$$

$$\sigma_\theta = \frac{p}{2\delta b}\sqrt{a^4 - x^2(a^2 - b^2)}\left[2 - \frac{a^4}{a^4 - x^2(a^2 - b^2)}\right] \tag{4-7}$$

【结果分析及点评】

① 求解经向应力 σ_m、环向应力 σ_θ 的关键是确定所求应力点的第二曲率半径 R_2 和第一曲率半径 R_1。

② 不同于筒形薄壳和球形薄壳，椭球壳上经向应力 σ_m 和环向应力 σ_θ 的数值与位置 x 有关。

③ 椭球壳不同位置处的经向应力 σ_m 恒为正值，即拉应力。最大值位于 $x=0$ 处，最小值位于 $x=a$ 处，如图 4-11 所示。

④ 椭球壳特殊位置处的应力如下：

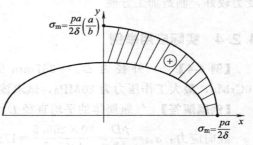

图 4-11 椭球壳上经向应力分布

◇ 在 $x=0$ 即椭球壳的中心处，经向应力 σ_m 和环向应力 σ_θ 相等。

◇ 在 $x=0$ 处，环向应力 $\sigma_\theta > 0$；在 $x=a$ 处，有三种情况，如图 4-12 所示：

• $2-a^2/b^2 > 0$ 时，即 $a/b < \sqrt{2}$ 时，$\sigma_\theta > 0$（拉应力）；

• $2-a^2/b^2 = 0$ 时，即 $a/b = \sqrt{2}$ 时，$\sigma_\theta = 0$；

• $2-a^2/b^2 < 0$ 时，即 $a/b > \sqrt{2}$ 时，$\sigma_\theta < 0$（压应力）。

上述情况说明 a/b 越大，即封头成型越浅，在 $x=a$ 处的压应力越大。

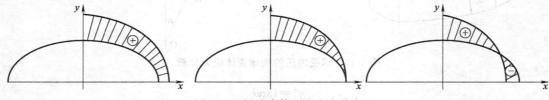

图 4-12 椭球壳体环向应力分布

⑤ 当 $a/b=2$ 时，为标准型式的椭球壳，应力分布如图 4-13 所示。

在 $x=0$ 处：

$$\sigma_m = \sigma_\theta = \frac{pa}{\delta} \tag{4-8}$$

在 $x=a$ 处：

$$\sigma_m = \frac{pa}{2\delta} \tag{4-9}$$

$$\sigma_\theta = -\frac{pa}{\delta} \tag{4-10}$$

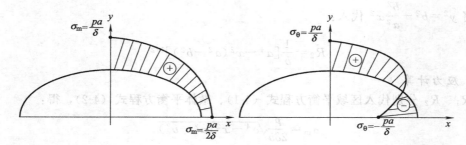

图 4-13 标准椭球壳应力分布

⑥ 圆筒形薄壁压力容器的椭圆形封头，可简化为椭球薄壳，其应力可依据式（4-6）、式（4-7）计算。椭圆封头尤其是标准椭圆形封头是应用最为广泛的一种压力容器封头，其受力较好，制造加工方便。

4.2.4 实际应用举例

【例 4-4】 一外径为 $D_o=267mm$ 的压缩气体气瓶，壁厚为 $\delta=7.5mm$，材质为 30CrMo，最大工作压力为 20MPa，试求该气瓶筒壁内的应力。

【例题解答】 气瓶筒体的平均直径 $D=D_o-\delta=267-7.5=259.5mm$

经向应力：$\sigma_m = \dfrac{pD}{4\delta} = \dfrac{20 \times 259.5}{4 \times 7.5} = 173MPa$

环向应力：$\sigma_\theta = \dfrac{pD}{2\delta} = \dfrac{20\times259.5}{2\times7.5} = 346\text{MPa}$

【例 4-5】 一圆筒形容器，两端为椭圆形封头，如图 4-14 所示。已知圆筒平均直径 $D = 2020$ mm，壁厚 $\delta = 20$mm，工作压力 $p = 2$MPa。

（1）求筒身上的经向应力和环向应力。

（2）如果椭圆形封头的 a/b 分别为 2、$\sqrt{2}$、3，封头厚度为 20mm，分别确定封头上最大经向应力与环向应力以及最大应力所在的位置。

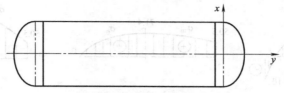

图 4-14 圆筒形容器示意图

【例题解答】 （1）求筒身应力

经向应力：$\sigma_{\mathrm{m}} = \dfrac{pD}{4\delta} = \dfrac{2\times2020}{4\times20} = 50.5\text{MPa}$；

环向应力：$\sigma_\theta = \dfrac{pD}{2\delta} = \dfrac{2\times2020}{2\times20} = 101\text{MPa}$；

（2）求封头应力

① 当 $a/b = 2$ 时，$a = 1010$mm，$b = 505$mm

在 $x = 0$ 处 $\sigma_{\mathrm{m}} = \sigma_\theta = \dfrac{pa}{2\delta}\left(\dfrac{a}{b}\right) = \dfrac{2\times1010}{2\times20}\times2 = 101\text{MPa}$

在 $x = a$ 处 $\sigma_{\mathrm{m}} = \dfrac{pa}{2\delta} = \dfrac{2\times1010}{2\times20} = 50.5\text{MPa}$

$\sigma_\theta = \dfrac{pa}{2\delta}\left(2 - \dfrac{a^2}{b^2}\right) = \dfrac{2\times1010}{2\times20}\times(2-4) = -101\text{MPa}$

应力分布如图 4-15（a）所示，其最大应力有两处：一处在椭圆形封头的顶点，即 $x = 0$ 处；一处在椭圆形封头的底边，即 $x = a$ 处。

② 当 $a/b = \sqrt{2}$ 时，$a = 1010$mm，$b = 714$mm

在 $x = 0$ 处 $\sigma_{\mathrm{m}} = \sigma_\theta = \dfrac{pa}{2\delta}\left(\dfrac{a}{b}\right) = \dfrac{2\times1010}{2\times20}\times\sqrt{2} = 71.4\text{MPa}$

在 $x = a$ 处 $\sigma_{\mathrm{m}} = \dfrac{pa}{2\delta} = \dfrac{2\times1010}{2\times20} = 50.5\text{MPa}$

$\sigma_\theta = \dfrac{pa}{2\delta}\left(2 - \dfrac{a^2}{b^2}\right) = \dfrac{2\times1010}{2\times20}\times[2-(\sqrt{2})^2] = 0\text{MPa}$

最大应力在 $x = 0$ 处，应力分布如图 4-15（b）所示。

③ 当 $a/b = 3$ 时，$a = 1010$mm，$b \approx 337$mm

在 $x = 0$ 处 $\sigma_{\mathrm{m}} = \sigma_\theta = \dfrac{pa}{2\delta}\left(\dfrac{a}{b}\right) = \dfrac{2\times1010}{2\times20}\times3 = 151.5\text{MPa}$

在 $x = a$ 处 $\sigma_{\mathrm{m}} = \dfrac{pa}{2\delta} = \dfrac{2\times1010}{2\times20} = 50.5\text{MPa}$

$$\sigma_\theta = \frac{pa}{2\delta}\left(2 - \frac{a^2}{b^2}\right) = \frac{2\times1010}{2\times20}\times(2-3^2) = -353.5\text{MPa}$$

最大应力在 $x=a$ 处，应力分布如图 4-15 (c) 所示。

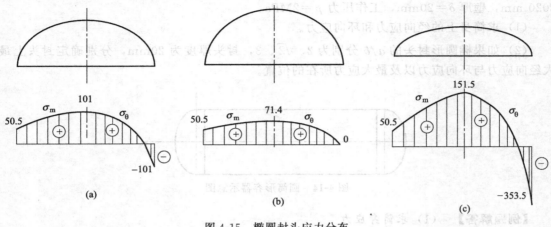

图 4-15　椭圆封头应力分布

4.3　内压筒体边缘应力

4.3.1　边缘应力的概念

在应用薄膜理论分析内压筒体的变形与应力时，忽略了如下两种变形和应力：

（1）环向弯曲应力

圆筒受内压直径增大时，筒壁金属的环向"纤维"曲率半径由原来的 R 变到 $R+\Delta R$，如图 4-16 所示。根据力学理论可知，有曲率变化就有弯曲应力。所以在内压圆筒壁的纵向截面上，除作用有环向拉应力 σ_θ 外，还存在环向弯曲应力 $\sigma_{\theta b}$。但由于 $\sigma_{\theta b}$ 较小，可以忽略不计。

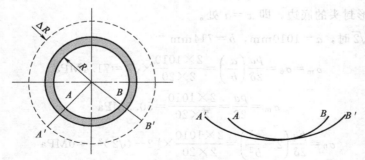

图 4-16　内压筒体的环向弯曲变形

（2）连接边缘处的变形和应力

连接边缘是指壳体与另外部分相连接的边缘，通常是对连接处的平行圆而言，例如圆筒与封头、圆筒与法兰、不同厚度或不同材料的筒节、裙式支座与直立壳体相连接处的平行圆等。此处，壳体经线曲率有突变或载荷沿周向有突变的接界平行圆，也应视作连接边缘，如

图 4-17 所示。

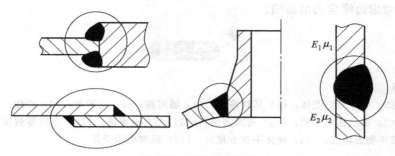

图 4-17 连接边缘举例

圆筒形容器受内压后，由于封头刚性大，不易变形，而筒体刚性小，容易变形，连接处二者变形大小不同，即圆筒半径的增大值大于封头半径的增大值，如图 4-18 虚线所示。由于筒体与封头在边缘处连接，因此必然在边缘发生弯曲，即产生弯曲应力。因此，在连接边缘附近的截面内，除作用有经向应力 σ_m 外，还存在经向弯曲应力 σ_{mb}，因此用无力矩理论无法求解。

4.3.2 边缘应力的特点

经实际测量发现，边缘应力具有如下特征：

（1）局部性

不同性质的连接边缘产生不同的边缘应力，但所有边缘应力均有明显的衰减波特性。以圆筒壳为例，其沿轴向的衰减经过一个周期后，即离边缘距离为 $2.5\sqrt{r\delta}$（r、δ 分别为圆筒半径和壁厚）处，边缘应力基本衰减为0。

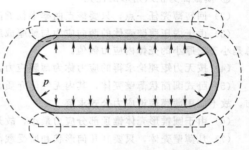

图 4-18 连接边缘的变形

（2）自限性

发生边缘应力的根本原因是薄膜变形不连续。当连接边缘两侧的弹性变形相互约束时，必然产生边缘力和边缘弯矩，从而产生边缘应力。但是，当边缘处的应力达到材料的屈服强度进入塑性阶段后，这种弹性约束开始缓解，原本不同数值的薄膜变形趋于协调，边缘应力受到自动限制，这是边缘应力的自限性。

边缘应力与薄膜应力不同，薄膜应力由介质压力直接引起，而边缘应力由连续边缘处不同结构的变形协调引起，具有局部性和自限性。在压力容器应力分析中，通常将薄膜应力称为一次应力，而将边缘应力称为二次应力。二次应力直接使容器发生破坏的危险性较小。

4.3.3 对边缘应力的处理

由于边缘应力具有局部性，在设计中可以在结构上只做局部处理。例如，对边缘应力区域进行局部加强、保证边缘区内焊缝质量、降低边缘区的残余应力、避免边缘区附加局部应力或应力集中等。

对塑性材料，由于边缘应力具有自限性，即使边缘应力达到或超过材料屈服点，临近尚未屈服的弹性却能够抑制塑性变形的发展，使塑性区不再扩展，故大多数塑性较好的材料制成的容器，当承受静载荷时，除了对结构上做局部处理外，一般不需要对边缘应力做特殊考虑。但是，对塑性差的容器或者承受疲劳载荷的容器，边缘高应力区可能导致脆性或疲劳破坏，必须正确考虑边缘应力的影响。

习 题

1. 名词解释

(1) 薄壁壳体；(2) 厚壁壳体；(3) 回转薄壳；(4) 轴对称；(5) 对称轴；(6) 经线；(7) 纬线；(8) 第一曲率半径；(9) 第二曲率半径；(10) 薄膜理论；(11) 无力矩理论；(12) 小位移假设；(13) 不挤压假设；(14) 区域平衡方程式；(15) 微体平衡方程式；(16) 标准椭圆壳体。

2. 判断题

(1) 下列直立的薄壁壳体，受均匀内压作用时，均可以用薄膜理论求解。

① 横截面为圆的锥壳 　　　　　　　　　　　　　　　　　　　　　　　　(　)
② 横截面为半圆的柱壳 　　　　　　　　　　　　　　　　　　　　　　　　(　)
③ 横截面为圆的椭球壳 　　　　　　　　　　　　　　　　　　　　　　　　(　)
④ 横截面为椭圆的柱壳 　　　　　　　　　　　　　　　　　　　　　　　　(　)
⑤ 横截面为圆的轴对称柱壳 　　　　　　　　　　　　　　　　　　　　　　(　)
⑥ 横截面为正六角形的柱壳 　　　　　　　　　　　　　　　　　　　　　　(　)

(2) 回转薄壳任一点，只要该点曲率半径 $R_1 = R_2$，则该点两向应力 $\sigma_\theta = \sigma_m$。(　)

(3) 由于内压薄壁壳体的两向应力与壁厚成反比，故当材质和介质压力一定时，壁厚大的壳体内应力总是小于壁厚小的壳体内应力数值。(　)

(4) 按无力矩理论求得的应力称为薄膜应力，薄膜应力总是沿厚度均布。(　)

(5) 卧式圆筒状薄壁壳体，其内无气体介质，仅充满液体。由于圆筒内液体静载荷不是沿轴线对称分布，故不能用薄膜理论应力公式求解。(　)

(6) 由于圆锥形壳体锥顶部分应力最小，故开孔宜在锥顶部分。(　)

(7) 凡薄壁壳体，只要其几何形状和所受载荷对称于旋转轴，则壳体上任一点用薄膜理论应力公式计算的应力均为真实数值。(　)

(8) 椭球壳长、短轴之比 a/b 越小，其形状越接近球壳，应力分布越均匀。(　)

(9) 半球形壳体的受力最好，故任何情况下必须首先考虑半球形封头。(　)

3. 计算题

(1) 第一、第二曲率半径计算

① 球壳上任一点。
② 圆锥壳上任一点。
③ 碟形壳上连接点 A、B。
④ 圆柱壳上任一点。
⑤ 圆锥壳与柱壳的连接点 A 及锥顶点 B。

(2) 薄膜应力计算

① 球壳上任一点。$p = 1\text{MPa}$、$D = 1005\text{mm}$、$\delta = 5\text{mm}$。
② 圆锥壳上 A、B 点。$p = 1\text{MPa}$、$D = 1005\text{mm}$、$\delta = 5\text{mm}$、$\alpha = 30°$。
③ 椭球壳上 A、B、C 点。$p = 1\text{MPa}$、$a = 1000\text{mm}$、$b = 500\text{mm}$、$\delta = 5\text{mm}$。B 点处坐标 $x = 600\text{mm}$。
④ 圆柱壳上任一点。$p = 1\text{MPa}$、$D = 1005\text{mm}$、$\delta = 5\text{mm}$。
⑤ 两端开口的柱壳，内表面承受轴对称线载荷，顶端最大载荷强度为 q_0，求 A 点处的薄膜应力 σ_m 和 σ_θ。

4. 工程应用题

(1) 某锅炉汽包，其工作压力为 2.5MPa，汽包圆筒的平均直径为 816mm，壁厚为 16mm，试求汽包圆筒工作时壁内的薄膜应力 σ_m 和 σ_θ。

（2）一平均直径为 10020mm 的球形容器，其工作压力为 0.6MPa，厚度为 20mm，求该球形容器壁内的工作应力。

（3）一承受气体内压的圆筒形容器，两端均为椭圆形封头。已知圆筒平均直径为 2030mm，筒体与封头厚度均为 30mm，工作压力为 3MPa，求：

① 圆筒壁内的最大工作应力。

② 当封头椭圆长、短半轴之比分别为 $\sqrt{2}$、2、2.5 时，计算封头上薄膜应力 σ_m 和 σ_θ 的最大值并确定所在位置。

（2）……单向直拉为 1002.5mm 长 体育看台，其上作用压力为 5.0 DP。，做每个 20mm。求压疲模器数作用。
的工作应力。

（3）一广度为大气压力的圆筒形容器，筒壁高圆均处底心。已知筒底部受力约直径长为 2050mm。筒体本厚 30 μm，……构设置，求各于的筒……压力……载构各约……确合……

底于……算之长约的 2，8，2.9……图，当……和少的值的加油需置

5 内压容器强度安全设计（二）
——常规设计

压力容器机械设计方法有两种：常规设计方法和分析设计方法。常规设计是压力容器的一种传统设计方法，也称规则设计（Design by Rules）或规范设计。常规设计的基本思路是，将压力容器整体结构分解成简单壳体和零部件结构，用材料力学和板壳力学方法对壳体及零部件开展弹性应力分析，求出基本应力；然后采用强度理论建立强度条件，最终确定尺寸。常规设计方法比较简单，设计成本比较低，应用非常广泛。本章仅关注内压容器的常规设计方法。

5.1 压力容器强度设计基础

5.1.1 强度理论及强度条件

回转薄壳的应力分析理论明确了压力容器在承受内压时壳体任意点处的应力分布。但要开展强度设计，还需要知道壳体内部能够承受的强度极限，即当内部应力达到什么状态时，压力容器发生破坏。强度理论即解决此问题。

适用于静载工况的强度理论有四个，分别称为第一强度理论、第二强度理论、第三强度理论、第四强度理论。目前国内外压力容器常规设计标准采用的是第一强度理论，因此本章主要介绍基于第一强度理论的压力容器强度设计。

第一强度理论，又称最大拉应力理论。该理论认为引起材料脆性断裂的主要因素是最大拉应力，无论处于什么应力状态，只要一点处的最大拉应力 σ_1 达到其极限值 σ^0，材料即发生脆断破坏。由于破坏原因与应力状态无关，所以这一极限值 σ^0 可由材料轴向拉伸试验获得。因此强度破坏条件为：

$$S_1 = \sigma_1 = \sigma^0 \tag{5-1}$$

式中，S_1 为第一强度理论的当量应力。

将极限应力值 σ^0 除以安全系数，得到材料许用应力 $[\sigma]$，即得到第一强度理论的强度条件：

$$S_1 = \sigma_1 \leqslant [\sigma] \tag{5-2}$$

5.1.2 强度理论在压力容器中的应用

对于承受均匀内压的薄壁圆筒形压力容器，其壳体内部各点的受力为两向应力状态。如

图 5-1 所示，其主应力 $\sigma_1 = \sigma_\theta = pD/2\delta$、$\sigma_2 = \sigma_m = pD/4\delta$、$\sigma_3 = \sigma_r = 0$。对压力容器应用第一强度理论，可得到压力容器强度条件：

$$S_1 = \sigma_1 = \frac{pD}{2\delta} \leqslant [\sigma] \tag{5-3}$$

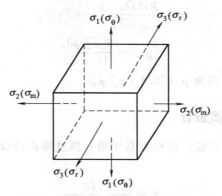

图 5-1　压力容器壳体内应力状态

5.2　内压薄壁圆筒及球壳的强度设计

5.2.1　内压薄壁圆筒强度设计

将压力容器强度条件公式（5-3）中筒体平均直径 D 换算为圆筒内径 D_i（$D = D_i + \delta$），压力 p 采用计算压力 p_c，并考虑焊接接头系数 ϕ，得到设计温度下内压薄壁筒体计算厚度 δ_c 公式：

$$\delta_c = \frac{p_c D_i}{2[\sigma]^t \phi - p_c} \tag{5-4}$$

式中，$[\sigma]^t$ 为材料在设计温度下的许用应力。考虑腐蚀裕量 C_2，内压薄壁圆筒设计厚度 δ_d 为：

$$\delta_d = \frac{p_c D_i}{2[\sigma]^t \phi - p_c} + C_2 \tag{5-5}$$

考虑钢板厚度负偏差 C_1，并向上圆整至材料标准厚度系列，即得到内压薄壁圆筒的名义厚度 δ_n：

$$\delta_n = \frac{p_c D_i}{2[\sigma]^t \phi - p_c} + C_2 + C_1 + 圆整量 \tag{5-6}$$

根据有效厚度可以对容器进行应力校核：

$$\sigma^t = \frac{p_c(D_i + \delta_e)}{2\delta_e} \leqslant [\sigma]^t \phi \tag{5-7}$$

设计温度下圆筒容器的最大允许工作压力（MAWP）：

$$[p_w] = \frac{2[\sigma]^t \phi \delta_e}{D_i + \delta_e} \tag{5-8}$$

当采用无缝钢管制作圆柱体时，其公称直径为钢管的外径 D_o。根据上述推导可得到以外径 D_o 表示的设计温度下内压薄壁圆筒厚度计算公式：

$$\delta_c = \frac{p_c D_o}{2 [\sigma]^t \phi + p_c} \tag{5-9}$$

$$\delta_n = \frac{p_c D_o}{2 [\sigma]^t \phi + p_c} + C_2 + C_1 + 圆整量 \tag{5-10}$$

$$\sigma^t = \frac{p_c (D_o - \delta_e)}{2 \delta_e} \leqslant [\sigma]^t \phi \tag{5-11}$$

$$[p_w] = \frac{2 [\sigma]^t \phi \delta_e}{D_o - \delta_e} \tag{5-12}$$

上述计算公式的适用范围为 $p_c \leqslant 0.4 [\sigma]^t \phi$。

5.2.2 内压薄壁球壳强度设计

采用与薄壁圆筒相同的方法，可得到基于第一强度理论的设计温度下内压薄壁球壳厚度计算公式如下：

$$\delta_c = \frac{p_c D_i}{4 [\sigma]^t \phi - p_c} \tag{5-13}$$

$$\delta_n = \frac{p_c D_i}{4 [\sigma]^t \phi - p_c} + C_2 + C_1 + 圆整量 \tag{5-14}$$

$$\sigma^t = \frac{p_c (D_i + \delta_e)}{4 \delta_e} \leqslant [\sigma]^t \phi \tag{5-15}$$

$$[p_w] = \frac{4 [\sigma]^t \phi \delta_e}{D_i + \delta_e} \tag{5-16}$$

上述计算公式的适用范围为 $p_c \leqslant 0.6 [\sigma]^t \phi$。

对比式 (5-4)、式 (5-13) 可知，由于球壳承载能力强于圆筒，故相同计算压力 p_c 下，球壳所需的厚度要小于圆筒壳。

5.2.3 设计参数概念及确定方法

5.2.3.1 压力相关参数

压力是指垂直作用在容器单位表面积上的力，单位 MPa。在本文中，除注明外，压力均为表压力。

（1）工作压力 p_w

在正常工作情况下，容器顶部可能达到的最高压力。

（2）设计压力 p

设定的容器顶部的最高压力，与相应的设计温度一起作为压力容器的基本设计载荷条件。其值不低于工作压力。通常设计压力取值方法参照见表 5-1。

表 5-1 设计压力取值方法

类型		设计压力
内压容器	无安全泄压装置	1.0~1.1 倍工作压力
	装有安全阀	不低于安全阀开启压力（安全阀开启压力取 1.05~1.1 倍工作压力）
	装有爆破片	不低于爆破片设计爆破压力

续表

类型		设计压力
真空容器	无夹套真空容器	有安全泄放装置	1.25 倍最大内外压差或 0.1MPa 中的最小值
		无安全泄放装置	0.1MPa
	夹套内为内压的带夹套真空容器	容器（真空）	按无夹套真空容器规定选取
		夹套（内压）	按内压容器规定选取
	夹套内为真空的带夹套真空容器	容器（内压）	按内压容器规定选取
		夹套（真空）	按无夹套真空容器规定选取
	外压容器		取不小于在正常工作情况下可能产生的最大内外压力差

表 5-1 中关于装有爆破片内压容器设计压力的确定按以下步骤进行：

① 根据所选爆破片的型式，按表 5-2 确定爆破片最低标定爆破压力 p_{smin}。

表 5-2　爆破片最低标定爆破压力 p_{smin}

爆破片型式	载荷性质	p_{bmin}/MPa
正拱普通形	静载荷	≥1.43p_w
正拱开缝（带槽）形	静载荷	≥1.25p_w
正拱形	脉冲载荷	≥1.7p_w
反拱形	静载荷、脉冲载荷	≥1.1p_w
平板形	静载荷	≥2.0p_w
石墨	静载荷	≥1.25p_w

注：若有成熟的经验或可靠数据，可不按此表规定。

② 确定爆破片的设计爆破压力 p_b。p_b 等于 p_{smin} 加上所选爆破片制造范围的下限（取绝对值）。爆破片的制造范围见表 5-3、表 5-4。

表 5-3　爆破片的制造范围　　　　　单位：MPa

设计爆破压力	全范围		1/2 范围		1/4 范围		0 范围	
	上限（正）	下限（负）	上限（正）	下限（负）	上限（正）	下限（负）	上限	下限
0.30<p≤0.40	0.045	0.025	0.025	0.015	0.010	0.010	0	0
0.40<p≤0.70	0.065	0.035	0.030	0.020	0.020	0.010	0	0
0.70<p≤1.00	0.085	0.045	0.040	0.020	0.020	0.010	0	0
1.00<p≤1.40	0.110	0.065	0.060	0.040	0.040	0.020	0	0
1.40<p≤2.50	0.160	0.085	0.080	0.040	0.040	0.020	0	0
2.50<p≤3.50	0.210	0.105	0.100	0.050	0.040	0.025	0	0
>3.50	6%	3%	3%	1.5%	1.5%	0.8%	0	0

表 5-4　反拱形爆破片制造范围　　　　　单位：MPa

设计爆破压力	−10%		−5%		0	
	上限	下限（负）	上限	下限（负）	上限	下限
1.0	0	0.10	0	0.050	0	0
1.5	0	0.15	0	0.075	0	0
2.0	0	0.20	0	0.100	0	0

③ 确定容器的设计压力 p。p 等于 p_b 加上所选爆破片制造范围的上限。

（3）计算压力 p_c

在相应设计温度下，用以确定元件厚度的压力，包括液柱静压力（当液柱静压力小于设计压力的 5% 时，可忽略不计）等附加载荷。对于某些特殊结构的压力容器如塔器、球罐等，除了上述压力载荷外，还必须考虑重力、风力、地震力等载荷及温差的影响。这些载荷如果不能折算为计算压力，必须用其他方法进行相应的应力校核计算。

（4）**试验压力** p_T

进行耐压试验或泄漏试验时，容器顶部的压力。

（5）**最大允许工作压力 MAWP**

在指定的相应温度下，容器顶部所允许承受的最大压力。该压力是根据容器各受压元件的有效厚度，考虑了该元件承受的所有载荷计算得到，且取最小值。

5.2.3.2 温度相关参数

（1）**设计温度** T

容器在正常工作情况下，设定的元件的金属温度（沿元件金属截面的温度平均值）。设计温度与设计压力一起作为设计载荷条件。设计温度是选择材料和确定材料许用应力的基本参数。

① 设计温度的确定原则：

a. 设计温度不得低于元件金属在工作状态可能达到的最高温度，对于 0℃ 以下的金属温度，设计温度不得高于元件金属可能达到的最低温度。此时应当充分考虑压力容器在运行过程中，大气环境低温条件对容器壳体金属温度的影响；

b. 容器各部分在工作状态下的金属温度不同时，可以分别设定各部分的设计温度；

c. 通过传热计算确定元件金属温度；

d. 在用的同类容器上测定。

② 依据设计温度选择材料，必须满足材料允许使用温度上、下限的范围。

a. 压力容器受压元件用钢材的使用温度上限为 GB/T 150.2 各许用应力表中各钢号许用应力对应的最高温度；

b. 碳素钢和碳锰钢在高于 425℃ 温度下长期使用时，应考虑钢中碳化物相的石墨化倾向；

c. 奥氏体型钢材使用温度高于 525℃ 温度使用时，钢中碳含量应不小于 0.04%；

d. 压力容器受压元件用钢材的使用温度下限与材料、材料的厚度、材料的使用状态、冲击试验温度有关，表 5-5 为常用钢板材使用温度下限，表 5-6 为常用钢锻件使用温度下限。

表 5-5　常用钢板材使用温度下限

钢号	钢板厚度/mm	使用状态	冲击试验要求	使用温度下限/℃
中常温用钢板				
Q245R	<6	热轧、控轧、正火	免做冲击	−20
	>6~12		0℃冲击	−20
	>12~16			−10
	>16~150			0
	>12~20	热轧、控轧	−20℃冲击	−20
	>12~150	正火		−20
Q345R	<6	热轧、控轧、正火	免做冲击	−20
	6~20		0℃冲击	−20
	>20~25			−10
	>25~200			0
	>20~30	热轧、控轧	−20℃冲击	−20
	>20~200	正火	−20℃冲击	−20
18MnMoNiR	30~100	正火加回火	0℃冲击	0
			−10℃冲击	−10
13MnNiMoR	30~150	正火加回火	0℃冲击	0
			−20℃冲击	−20

续表

钢号	钢板厚度/mm	使用状态	冲击试验要求	使用温度下限/℃
低温用钢板				
16MnDR	6～60	正火、正火加回火	−40℃冲击	−40
	>60～120		−30℃冲击	−30
09MnNiD	6～120	正火、正火加回火	−70℃冲击	−70
08Ni3D	6～100	正火、正火加回火、调质	−100℃冲击	−100

表 5-6　常用钢锻件使用温度下限

钢号	公称厚度/mm	冲击试验要求	使用温度下限/℃
中常温用钢锻件			
20	≤300	0℃冲击	0
16Mn		−20℃冲击	−20
20MnMo	≤700	0℃冲击	0
		−20℃冲击	−20
20MnMoNb	≤500	0℃冲击	−20
35CrMo	≤500	0℃冲击	0
低温用钢锻件			
16MnDR	≤100	−45℃冲击	−45
	>100～300	−40℃冲击	−40
20MnMoD	≤300	−40℃冲击	−40
	>300～700	−30℃冲击	−30
09MnNiD	≤300	−70℃冲击	−70
08Ni3D	≤300	−100℃冲击	−100

（2）试验温度 T_c

进行耐压试验或泄漏试验时，容器壳体的金属温度。

（3）最低设计金属温度 MDMT

设计时，容器在运行过程中预期的各种可能条件下各元件金属温度的最低值。

5.2.3.3　厚度相关参数

（1）计算厚度 δ_c

按设计公式计算得到的厚度。需要时，应计入其他载荷所需厚度。对于外压元件，指满足稳定性要求的最小厚度。

（2）厚度附加量 C

厚度附加量包括钢板或钢管厚度的负偏差 C_1 和介质腐蚀裕量 C_2，即：

$$C = C_1 + C_2 \tag{5-17}$$

① 厚度负偏差 C_1　生产钢板或钢管时，受限于技术，不可能制造出与标称厚度完全一致的材料，允许一定的偏差存在。厚度负偏差即能够允许的低于标称厚度的数值。厚度负偏差的数值依据相应材料标准规定选取。

② 介质腐蚀裕量 C_2　为防止受压元件因腐蚀、机械磨损等原因导致厚度削弱减薄，对与工作介质接触的筒体、封头等受压元件应考虑腐蚀裕量。对于有均匀腐蚀或磨损的元件，腐蚀裕量 C_2 应依据预期的容器设计使用年限和介质对金属材料的腐蚀速率确定，即 $C_2 = K_a B$。式中，K_a 为腐蚀速率，mm/a，可由材料腐蚀手册查得或有试验确定；B 为容器的设计使用年限，a。一般来说，塔、反应器等压力容器设计使用年限不少于 15a，一般容器、换热器等不少于 8a。

一般来说腐蚀裕量可根据下列原则确定：

◇ 介质为压缩空气、水蒸气或水的碳素钢或低合金钢制容器，腐蚀裕量 C_2 不小于 1mm；对不锈钢，当介质腐蚀性极微小时，可取 $C_2 = 0$；

◇ 除上述情况以外的其他情况，筒体和封头的腐蚀裕量参照表 5-7 确定；

◇ 容器各元件的腐蚀速率不同时，可采用不同的腐蚀裕量；

◇ 容器的接管（包括人孔、手孔）的腐蚀裕量，一般应与壳体的腐蚀裕量相同；

◇ 两侧同时与腐蚀介质接触的双面腐蚀元件，应根据两侧不同的操作介质选取不同的腐蚀裕量，将两者叠加作为总的腐蚀裕量；

◇ 当容器内件材料与壳体相同时，容器内件的单面腐蚀裕量按表 5-8 确定；

◇ 容器地脚螺栓螺纹小径的腐蚀裕量可取 3mm；

◇ 碳钢裙座筒体的腐蚀裕量应不小于 2mm，如其内侧均有保温或防火层，可不考虑腐蚀裕量。

表 5-7　筒体、封头的腐蚀裕量

腐蚀程度	腐蚀速率/(mm/a)	腐蚀裕量/mm	腐蚀程度	腐蚀速率/(mm/a)	腐蚀裕量/mm
不腐蚀	<0.05	0	腐蚀	0.13~0.28	≥2
轻微腐蚀	0.05~0.13	≥1	严重腐蚀	>0.25	≥3

表 5-8　容器内件的单面腐蚀裕量

内件		腐蚀裕量
结构形式	受力状态	
不可拆卸或无法从人孔取出者	受力	取壳体腐蚀裕量
	不受力	取壳体腐蚀裕量的 1/2
可拆卸并可从人孔取出者	受力	取壳体腐蚀裕量的 1/4
	不受力	0

（3）设计厚度 δ_d

计算厚度 δ_c 与腐蚀裕量 C_2 之和。

（4）名义厚度 δ_n

设计厚度 δ_c 加上材料厚度负偏差后向上圆整至材料标准规格的厚度，一般应标注在设计图样上。壳体的厚度不是任意选取的，对于用板材或管材制作的壳体，必须考虑标准化的系列尺寸，否则，将提高压力容器的制造成本。

（5）有效厚度 δ_e

名义厚度 δ_n 减去腐蚀裕量和材料厚度负偏差。

（6）最小成型厚度 MRFT

是指受压元件成型后保证设计要求的最小厚度，一般应标注在设计图样上。GB/T 150 规定了壳体加工成型后不包括腐蚀裕量的最小厚度即碳素钢和低合金钢制容器壳体的最小厚度为 3mm；高合金钢制容器壳体的最小厚度为 2mm。主要考虑到在容器设计中，对于计算压力很低的容器，按强度计算公式计算得到的厚度很小，不能满足制造、运输和安装时的刚度要求。因此，通过对最小厚度进行规定。

（7）各厚度之间的关系

上述计算厚度、设计厚度、名义厚度、有效厚度的关系如图 5-2 所示。

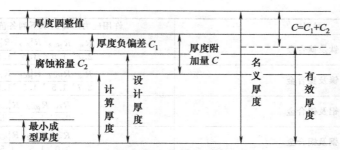

图 5-2　容器各种厚度之间的关系

5.2.3.4　许用应力和安全系数

根据第一强度理论的强度条件 [式 (5-2)]，许用应力 $[\sigma]$ 的确定是压力容器强度设计的关键，是容器设计的最主要参数。许用应力由材料的极限应力值 σ^0 除以安全系数 n 得到。

（1）极限应力 σ^0 的取法

选用哪个强度指标作为极限应力来确定许用应力，与部件的使用条件及失效准则有关。根据不同的情况，极限应力 σ^0 可以取抗拉强度 R_m、屈服强度 R_{eL}、蠕变强度 R_n^t、持久强度 R_D^t。

◇ 对于由塑性材料制造的承压结构，应保证其在工作时不发生全面的塑性变形，即大面积屈服，故以屈服强度 R_{eL} 或 $R_{p0.2}$ 作为确定许用应力的基础；

◇ 对于脆性材料或没有明显屈服点的塑性材料，常以抗拉强度 R_m 确定许用应力，即以材料的断裂作为限制条件；

◇ 对于锅炉和压力容器的承压部件，虽然采用塑性材料制造，但其最危险的失效形式为断裂，因此一般同时以限制出现塑性变形和断裂作为限制条件；

◇ 对于工作壁温高于常温而低于高温的中温容器承压部位，确定许用应力的屈服强度、抗拉强度均应采用设计温度下的数值；

◇ 对于高温条件下（达到材料蠕变温度，即对碳钢和低合金钢＞420℃，铬钼合金钢＞450℃，奥氏体不锈钢＞550℃）的承压部件，一方面要考虑高温蠕变（σ_n^t）；另一方面还要考虑材料的长期高温强度指标 σ_D^t。

（2）安全系数及其取值

安全系数的合理选择是设计中比较复杂和关键的问题，与许多因素有关，如计算方法的可靠性、受力分析的准确性、材料的质量、焊接检验等制造水平、容器的工作条件、容器失效风险及灾害程度等。随着科技的发展，安全系数将逐渐变小。

目前，我国压力容器设计标准 GB/T 150.2—2011《压力容器　第 2 部分：材料》规定，钢材的许用应力取值按表 5-9 规定。

表 5-9　钢材（螺栓材料除外）许用应力取值

材料	许用应力/MPa，取下列各值中的最小值
碳素钢、低合金钢	$\dfrac{R_m}{2.7}$ 、$\dfrac{R_{eL}}{1.5}$ 、$\dfrac{R_{eL}^t}{1.5}$ 、$\dfrac{R_D^t}{1.5}$ 、$\dfrac{R_n^t}{1.0}$
高合金钢	$\dfrac{R_m}{2.7}$ 、$\dfrac{R_{eL}(R_{p0.2})}{1.5}$ 、$\dfrac{R_{eL}^t(R_{p0.2}^t)}{1.5}$ 、$\dfrac{R_D^t}{1.5}$ 、$\dfrac{R_n^t}{1.0}$

续表

材料	许用应力/MPa,取下列各值中的最小值
钛及钛合金	$\dfrac{R_m}{2.7}$、$\dfrac{R_{p0.2}}{1.5}$、$\dfrac{R_{p0.2}^t}{1.5}$、$\dfrac{R_D^t}{1.5}$、$\dfrac{R_n^t}{1.0}$
镍及镍合金	$\dfrac{R_m}{2.7}$、$\dfrac{R_{p0.2}}{1.5}$、$\dfrac{R_{p0.2}^t}{1.5}$、$\dfrac{R_D^t}{1.5}$、$\dfrac{R_n^t}{1.0}$
铝及铝合金	$\dfrac{R_m}{3.0}$、$\dfrac{R_{p0.2}}{1.5}$、$\dfrac{R_{p0.2}^t}{1.5}$
铜及铜合金	$\dfrac{R_m}{3.0}$、$\dfrac{R_{p0.2}}{1.5}$、$\dfrac{R_{p0.2}^t}{1.5}$

5.2.3.5 焊接接头系数

焊缝区是压力容器强度薄弱的地方。焊缝区强度降低的原因在于焊接时可能存在缺陷、焊接热影响区,往往形成粗大晶粒区、结构刚性约束,造成焊接内应力过大等。

焊接接头系数是焊接材料、焊接缺陷和焊接残余应力等因素使焊接接头强度被削弱的程度,是焊接接头力学性能的综合反映。焊接接头系数的取值要根据焊接接头的型式以及无损检测的长度比率确定,见表5-10。

表 5-10　焊接接头系数

焊接接头结构	示意图	焊接接头系数 ϕ	
		100%无损检测	局部无损检测
双面焊的对接接头和相当于双面焊的全焊透对接接头		1.0	0.85
单面焊的对接接头(沿焊缝根部全长有紧贴基本金属的垫板)		0.90	0.80

5.2.3.6 直径系列及钢板厚度

直径一般是指压力容器的内径,是确定压力容器体积的主要尺寸之一,公称直径是经过标准化、系列化后的尺寸,以适应容器标准化、系列化的需要,降低压力容器制造成本。GB/T 9019—2015《压力容器公称直径》规定了圆筒形直径系列尺寸,按内外径分为两个系列,以内径为基准的压力容器公称直径从 $DN300$ 至 $DN13200$;以外径为基准的压力容器公称直径从 $DN150$ 至 $DN400$。公称直径小于 $DN1000$,按50mm递增,大于 $DN1000$,按100mm递增。

同样,钢板的厚度也有标准化规格,常见的厚度尺寸系列见表5-11,供设计时参考,同时厚度尺寸范围按所选用的材料标准的规定。

表 5-11　钢板常用厚度　　　　　　　　单位:mm

2.0	2.5	3.0	3.5	4.0	4.5	5.0	6.0	7.0	8.0	9.0	10	11	12
14	16	18	20	22	25	28	30	32	34	36	38	40	42
46	50	55	60	65	70	75	80	85	90	95	100	105	110
115	120	125	130	140	150	160	165	170	180	185	190	195	200

5.3 内压封头强度设计

容器封头按其形状可分为三类，如图
5-3 所示。本章仅介绍半球形封头以及椭圆
形封头的强度设计，其他封头设计可参见
GB/T 150—2011 标准。

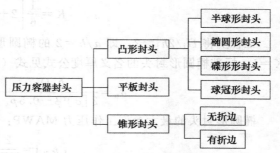

图 5-3 压力容器封头分类

5.3.1 半球形封头

半球形封头结构为半个球壳，厚度计算
公式与球壳相同，即：

$$\delta_c = \frac{p_c D_i}{4 [\sigma]^t \phi - p_c} \tag{5-18}$$

$$\delta_n = \frac{p_c D_i}{4 [\sigma]^t \phi - p_c} + C_2 + C_1 + 圆整量 \tag{5-19}$$

相比相同直径和压力下的筒体，半球形封头的厚度可减薄约一半。但在实际设计时，为
了焊接方便以及降低边界处的边缘应力，半球形封头常与筒体取相同的厚度。半球形封头多
用于压力较高的储罐。

5.3.2 椭圆形封头

椭圆形封头是由长短半轴分别为 a 和 b 的半椭球和高度为 h_0 的短圆筒（通常称为直边
段）两部分构成。直边的作用是保证封头的制造质量和避免筒体与封头间的环向焊缝受边缘
应力作用。

由前面椭球壳的应力分析可知，当椭球壳的长短半轴之比 $a/b > 2$ 时，椭球壳赤道上出
现很大的环向压应力，其绝对值远大于顶点的应力。为考虑这种应力变化对椭圆形封头强度
的影响，引入了形状系数 K。国家标准规定，长短半轴之比不大于 2.6。

凹面受内压的椭圆形封头的名义厚度按下式计算：

$$\delta_c = \frac{K p_c D_i}{2 [\sigma]^t \phi - 0.5 p_c} \tag{5-20}$$

$$\delta_n = \frac{K p_c D_i}{2 [\sigma]^t \phi - 0.5 p_c} + C_2 + C_1 + 圆整量 \tag{5-21}$$

式中，K 为椭圆形封头的形状系数，又称为应力增强系数，按式（5-22）计算，数值见
表 5-12。

表 5-12 椭圆形封头形状系数

$D_i/2h_i$	K	$D_i/2h_i$	K	$D_i/2h_i$	K	$D_i/2h_i$	K
2.6	1.46	2.1	1.07	1.6	0.76	1.1	0.53
2.5	1.37	2.0	1.00	1.5	0.71	1.0	0.50
2.4	1.29	1.9	0.93	1.4	0.66		
2.3	1.21	1.8	0.87	1.3	0.61		
2.2	1.14	1.7	0.81	1.2	0.57		

$$K=\frac{1}{6}\left[2+\left(\frac{D_\mathrm{i}}{2h_\mathrm{i}}\right)^2\right] \tag{5-22}$$

工程上将 $D_\mathrm{i}/2h_\mathrm{i}=2$，即 $a/b=2$ 的椭圆形封头称为标准椭圆形封头，此时形状系数 $K=1$。标准椭圆形封头的名义厚度公式见式（5-23）：

$$\delta_\mathrm{n}=\frac{p_\mathrm{c}D_\mathrm{i}}{2[\sigma]^\mathrm{t}\phi-0.5p_\mathrm{c}}+C_2+C_1+\text{圆整量} \tag{5-23}$$

椭圆形封头的最大允许工作压力 MAWP：

$$[p_\mathrm{w}]=\frac{2[\sigma]^\mathrm{t}\phi\delta_\mathrm{e}}{KD_\mathrm{i}+0.5\delta_\mathrm{e}} \tag{5-24}$$

标准椭圆形封头的直边高度见表 5-13。

表 5-13 标准椭圆形封头的直边高度　　　　　　　　　　单位：mm

直边高度	倾斜度	
	向外	向内
25	≤1.5	≤1.0
40	≤2.5	≤1.5
其他	6%h，且不大于 5	4%h，且不大于 3

5.3.3　封头类型选择原则

压力容器采用何种封头类型，要根据设计对象的具体工况具体分析。不同类型封头的基本特征归纳如下。

（1）几何特性

◇ 半球形封头单位体积的表面积最小；

◇ 椭圆形和碟形封头的体积和表面积基本相同；

◇ 锥壳的体积和表面积取决于锥顶角 2α 的大小，当 $2\alpha=0$ 时锥壳变为圆筒；与具有相同直径和高度的圆筒体相比，锥形封头的体积为圆筒的 1/3，单位体积的表面积比圆筒体大 50% 以上。

（2）承载能力

◇ 在直径、厚度和计算压力相同的条件下，半球形封头的应力最小，两向薄膜应力相等，而且沿经线的分布均匀。当与厚度相同的圆筒体连接时，边缘附近的最大应力与薄膜应力无明显不同。

◇ 椭圆形封头的应力情况不如半球形封头均匀，但比碟形封头好。椭圆形封头沿经线各点的应力是变化的，顶点处应力最大，在赤道上可能出现环向压应力。标准椭圆形封头与厚度相同的圆筒体连接时，可以达到与圆筒体等强度。

◇ 碟形封头在力学上的最大缺点是其具有较小的折边半径 r。这一折边的存在使得经线不连续，使该处产生较大的弯曲应力和环向应力。r/R 越小，则折边区的应力越大，有可能产生环向裂纹或出现环向褶皱。故在设计计算时需要考虑应力增强系数，增加封头厚度，甚至比筒体的厚度增大 40% 以上。故小折边的碟形封头不适用于压力容器。

◇ 在压力容器中使用锥形封头的主要目的是其有利于流体均匀分布和排料。

（3）制造难度及材料消耗

封头的制造工序一般有冲压、旋压、滚卷成型。半球形封头通常采用冲压成型，大型半球形封头也可先冲压成球瓣，再组对拼焊；椭圆形封头、碟形封头通常用冲压和旋压方法制造；锥形封头多数是滚制成型，折边用滚压或敲打成型。

从制造工艺分析，封头越深，直径和厚度越大，封头制造越困难，尤其是当选用强度级别较高的钢材时更是如此。整体冲压半球形封头的制造难度高于椭圆形封头。椭圆形封头必须有几何形状正确的椭球面模具。碟形封头制造灵活性较大，可以机械化冲压或旋压成型。锥形封头的锥顶尖部分采用卷制。各种封头的材料消耗及难易程度可以参照表5-14。

表 5-14 不同类型封头的材料消耗及难易程度

封头型式	半球形	椭圆形	碟形	球冠形	锥形 无折边 不加强	锥形 其余	平盖
相同条件（材料、t、D_i、δ）时金属消耗量	最小	次之	再次之	少	多		最多
制造难易程度	较难	较易	较易	易	易	较复杂	最易

5.4 内压容器压力试验及强度校核

为了检验压力容器的宏观强度及密封性能，压力容器制造完后或定期检验时，要进行压力试验。压力试验包括耐压试验和泄漏性试验。

5.4.1 耐压试验

（1）试验压力

耐压试验包括液压试验、气压试验和气液组合试验三种。压力试验的最小值分别按式（5-25）或式（5-26）的规定，并应考虑：

① 立式容器采用卧置进行液压试验时，试验压力应计入试验时的液柱静压力；

② 工作条件下压力容器内装介质的液柱静压力大于液压试验时液柱静压力时，应适当考虑增加试验压力。

液压试验
$$p_T = 1.25 p \frac{[\sigma]}{[\sigma]^t} \tag{5-25}$$

气压试验或气液组合试验
$$p_T = 1.1 p \frac{[\sigma]}{[\sigma]^t} \tag{5-26}$$

式中　p_T——试验压力，MPa；

p——设计压力，MPa；

$[\sigma]$——容器受压元件材料在试验温度下的许用应力，MPa；

$[\sigma]^t$——容器受压元件材料在设计温度下的许用应力，MPa。

容器铭牌上规定有最大允许工作压力时，公式中应以最大允许工作压力代替设计压力p；如果容器各主要受压元件，如壳体、封头、接管、设备法兰及其紧固件等所用材料不同，应取各元件材料的$[\sigma]/[\sigma]^t$中的最小者。

（2）试验温度

在耐压试验时，为防止材料发生低应力脆性断裂破坏，试验温度要大于容器壳体材料的韧脆转变温度。碳素钢、Q345R、Q370R和07MnMoVR制压力容器在液压试验时，液体温度不得低于 5℃；其他低合金钢制压力容器，液体温度不得低于 15℃。低温容器液压试验的液体试验温度应不低于壳体材料冲击试验温度加 20℃。如果由于板厚等因素造成材料无塑性转变温度升高，则需相应提高试验液体温度。

气压试验时试验温度同液压试验的规定。

（3）试验介质

耐压试验是在"超压"条件下检验容器的宏观强度，危险性比较大。因此，应首先选择压缩系数和危险性比较小的液体作为试验介质。只有当由于结构和支撑原因，不宜向压力容器内充灌液体时，以及运行条件不允许残留试验液体的压力容器，才可采用气体作为试验介质。

一般情况，凡在试验时不会导致发生危险的液体，在低于其沸点的温度下，都可用作液压试验。但由于水来源丰富，无毒无害，被经常采用。以水为介质进行液压试验时，必须保持它是洁净的。由于氯离子能破坏奥氏体不锈钢表面钝化膜，使其在拉应力作用下发生应力腐蚀破坏，因此奥氏体不锈钢制压力容器进行水压试验时，应将水中的氯离子含量控制在 25mg/L 以内。试验合格后，应立即将水渍去除干净。

气压试验的试验介质应为干燥洁净的空气、氮气或其他惰性气体。

（4）强度校核

在耐压试验前，应按下式进行强度校核：

$$\sigma_T = \frac{p_T(D_i + \delta_e)}{2\delta_e} \tag{5-27}$$

σ_T 应满足下列条件：

液压试验：$\sigma_T \le 0.9\phi R_{eL}$。

气压试验或气液组合试验：$\sigma_T \le 0.8\phi R_{eL}$。

5.4.2 泄漏试验

介质为毒性程度为极度、高度危害或设计上不允许有微量泄漏的压力容器，在耐压试验合格后必须进行泄漏试验。泄漏试验包括气密性试验以及氨检漏试验、卤素检漏试验和氦检漏试验。

气密性试验的试验压力一般取容器的设计压力。试验用气体的温度不低于 5℃，试验介质为干燥洁净的空气、氮气或其他惰性气体。在进行气密性试验时，应将安全附件装配齐全。

5.5 内压容器设计例题

【例 5-1】 一台石油气分离用压力容器，工艺参数为：塔体内径 $D_i = 600$mm，工作压力 $p_w = 2$MPa，工作温度为 $-3 \sim -20$℃。无超压泄放装置。试确定塔体及封头厚度，并校核水压试验强度。

【例题解答】

（1）选择塔体材料

由于石油气对钢材的腐蚀不大，温度在 $-3 \sim -20$℃，压力为中压，故综合考虑选择 Q345R。

（2）确定设计参数

对无超压泄放装置的压力容器，取设计压力 p_d 为 $1.0\sim1.1$ 倍的工作压力。在此取 1.1 倍，故 $p_d=1.1p_w=2.2\text{MPa}$。

计算压力 p_c 取设计压力与液柱静压之和。无液柱静压，故 $p_c=p_d=2.2\text{MPa}$。

设计温度取 $-20℃$，故设计温度下 Q345R 的许用应力 $[\sigma]^t=189\text{MPa}$。

采用带垫板的单面焊，局部无损检测，$\phi=0.8$。取 $C_2=1.0\text{mm}$。

（3）筒体厚度计算

计算厚度：$\delta_c=\dfrac{p_cD_i}{2[\sigma]^t\phi-p_c}=\dfrac{2.2\times600}{2\times189\times0.8-2.2}=4.4\text{mm}$

设计厚度：$\delta_d=\delta_c+C_2=4.4+1.0=5.4\text{mm}$

根据 GB 713—2014 标准的规定 Q345R $C_1=0.3\text{mm}$。

名义厚度：$\delta_n=\delta_d+C_1+圆整量=5.4+0.3+圆整量=5.7+圆整量$

圆整后，取名义厚度 $\delta_n=6\text{mm}$。

（4）封头厚度计算

从工艺操作要求分析，封头形状无特殊要求，现分别采用凸形封头和圆形平板封头做对比计算。

若采用半球形封头，封头厚度为：$\delta_c=\dfrac{p_cD_i}{4[\sigma]^t\phi-p_c}=2.4\text{mm}$

故可采用名义厚度为 4mm 的钢材。

若采用标准椭圆形封头，则计算得封头可采用名义厚度为 6mm 的钢板。

根据上述计算，将各种型式的封头结果列于表 5-15 中。

表 5-15　各种型式封头计算结果比较

封头型式	厚度/mm	深度（包括直边）/mm	理论面积/m²	质量/kg	制造难易程度
半球形	4	300	0.565	17.8	较难
椭圆形	6	175	0.466	21.0	较易

综合各因素可知，选用椭圆形封头最为合适。

（5）水压试验强度校核

$$\delta_e=\delta_n-C=6-1.3=4.7\text{mm}$$

$$p_T=1.25p\frac{[\sigma]}{[\sigma]^t}=1.25\times2.2\times1=2.75\text{MPa}$$

则：$\sigma_T=\dfrac{p_T(D_i+\delta_e)}{2\delta_e}=\dfrac{2.75\times(600+4.7)}{2\times4.7}=176.9\text{MPa}$

而：$0.9\phi R_{eL}=0.9\times0.8\times345=248.4\text{MPa}$

可见 $\sigma_T\leqslant0.9\phi R_{eL}$，故水压试验强度足够。

 习　题

1. 名词解释

（1）工作压力；（2）设计压力；（3）设计温度；（4）计算压力；（5）腐蚀裕量；（6）厚度负偏差；（7）焊接接头系数；（8）计算厚度；（9）名义厚度；（10）有效厚度；（11）标准椭圆形封头；（12）开孔补强；（13）等面积补强；（14）压力试验；（15）耐压试验；（16）气密性试验。

2. 填空题

(1) 工作压力是指 ＿＿＿＿＿＿＿＿＿＿＿；设计压力是指 ＿＿＿＿＿＿＿＿＿＿＿；计算压力是指＿＿＿＿＿＿＿＿＿。

(2) 试确定下面不同参数压力容器的设计压力 p、计算压力 p_c、水压试验压力 p_T。

序号	压力容器条件	设计压力 p/MPa	计算压力 p_c/MPa	水压试验压力 p_T/MPa
1	卧式容器,工作压力 1MPa,工作温度为常温,无安全泄放装置,无液体			
2	立式容器,工作压力 1MPa,工作温度为常温,无安全泄放装置。底部盛装高 10m,密度 $\rho=1000kg/m^3$ 的液体			
3	卧式容器,工作压力 1MPa,无液体静压,工作温度≤150℃,有安全阀			
4	卧式容器,工作压力为 1MPa,无液体静压,工作温度 350℃,有爆破片。爆破片设计爆破压力为 1.5MPa,制造范围上限为 0.160MPa			
5	带夹套的反应釜,釜内为真空,夹套内工作压力为 1.0MPa,工作温度不超过 200℃ [釜体] [夹套]			
6	一盛装液化气体的容器,最高使用温度为 60℃。该液化气体在 60℃ 时的饱和蒸气压(绝压)为 1MPa			

(3) 对双面焊的对接接头和相当于双面焊的全焊透对接接头,焊接接头系数可能取＿＿＿＿＿、＿＿＿＿＿、＿＿＿＿＿。

(4) 厚度附加量包括＿＿＿＿＿＿＿＿＿＿＿＿＿＿＿＿＿＿。

(5) 计算厚度是指 ＿＿＿＿＿＿＿＿＿、设计厚度是指 ＿＿＿＿＿＿＿＿＿、名义厚度是指＿＿＿＿＿＿＿＿＿＿＿、有效厚度是指＿＿＿＿＿＿＿＿＿＿＿＿。

(6) 设计温度虽未反映在强度计算公式中,但它是设计中＿＿＿＿＿和确定＿＿＿＿＿时的不可缺少的参数。

(7) 压力容器常用封头类型包括＿＿＿＿＿、＿＿＿＿＿、＿＿＿＿＿、＿＿＿＿＿、＿＿＿＿＿。

(8) 标准椭圆形封头的长短轴之比 $a/b=$＿＿＿＿＿、$K=$＿＿＿＿＿。标准碟形封头的球面部分内径 $R_i=$＿＿＿＿＿ D_i,过渡圆弧部分的内半径 $r=$＿＿＿＿＿ D_i。

(9) 椭圆形封头的长短轴之比 $a/b=$＿＿＿＿＿、＿＿＿＿＿、＿＿＿＿＿ 时,其赤道区内半径的环向应力 $\sigma_\theta>0$、$\sigma_\theta=0$、$\sigma_\theta<0$。

(10) 碳钢和低合金钢制压力容器,考虑其刚性需要,其最小厚度 $\delta_{min}=$＿＿＿＿＿ mm;对于高合金钢制容器,其最小厚度 $\delta_{min}=$＿＿＿＿＿ mm。

(11) 压容器用钢材的安全系数,对碳素钢和低合金钢:$n_b \geqslant$＿＿＿＿＿、$n_s \geqslant$＿＿＿＿＿、$n_D \geqslant$＿＿＿＿＿、$n_n \geqslant$＿＿＿＿＿;对高合金钢,$n_b \geqslant$＿＿＿＿＿、$n_s \geqslant$＿＿＿＿＿、$n_D \geqslant$＿＿＿＿＿、$n_n \geqslant$＿＿＿＿＿。

(12) 碳素钢、Q345R、Q370R 和 07MnMoVR 制压力容器在液压试验时,液体温度不得低于＿＿＿＿＿℃;其他低合金钢制压力容器,液体温度不得低于＿＿＿＿＿℃。

3. 判断题

(1) 依据弹性失效理论,容器上一处的最大应力达到材料在设计温度下的屈服点时,即宣告该容器已经失效。 （　　）

(2) 安全系数是一个不断发展变化的数据,按照科学技术发展的总趋势,安全系数将逐渐变小。 （　　）

(3) 当焊接接头结构形式一定时,焊接接头系数随检测比率的增加而减小。 （　　）

（4）由于材料的强度指标 R_m 和 R_{eL} 是通过对试件做单向拉伸试验而测得，对于二向应力状态或三向应力状态，在建立强度条件时，必须借助于强度理论将其转换成相当于单向拉伸应力状态的相当应力。

（　　）

4. 工程应用题

（1）一内径 $D_i=1200mm$ 的内压薄壁圆筒，壁厚 $\delta_n=10mm$，工作压力 $p_w=1.0MPa$，容器上装有安全阀，焊接接头系数 $\phi=0.85$，厚度附加量 $C=2m$。计算简体的最大工作应力。

（2）一内径 $D_i=10000mm$ 的球形薄壁容器，厚度 $\delta_n=20mm$。焊接接头系数 $\phi=1$，厚度附加量 $C=2mm$。材料许用应力 $[\sigma]^t=147MPa$。计算该容器的最大许用压力。

（3）一内径 $D_i=1500mm$ 的反应容器，工作温度在 $5\sim105℃$，工作压力为 $2.5MPa$，材料选用 S30408，采用双面焊对接接头，局部无损检测，凸形封头上安装安全阀，设计容器厚度。

（4）一内径 $D_i=1200mm$ 的圆筒形储存容器，厚度 $\delta_n=10mm$，计算压力 $p_c=2.5MPa$，工作温度为 $-5℃$，材质为 Q345R，采用双面焊对接接头，局部无损检测，厚度附加量 $C=3mm$，试校核容器强度。

（5）一高温反应容器，内部反应介质温度为 $1200℃$，内壁衬砌耐热、隔热材料后，钢制壳体的温度为 $100℃$。该容器内径 $D_i=3500mm$，计算压力 $p_c=3.4MPa$，采用双面焊对接接头，100% 无损探伤，厚度附加量 $C=3mm$。对比当分别选用 Q345R、15CrMoR 材料时，容器壁面厚度的大小。

（6）一内径 $D_i=1000mm$ 的圆筒形容器，采用整体冲压成型的标准椭圆形封头。工作温度为 $25℃$，最高工作压力为 $1.5MPa$，简体采用双面焊对接接头，局部无损探伤，容器装有安全阀，材质为 Q245R，抗拉强度 $R_m=400MPa$，屈服强度 $R_{eL}=245MPa$。容器内壁承受介质腐蚀，腐蚀速率为 $0.2mm/a$，设计使用年限为 $15a$。设计该容器简体及封头厚度。

（7）一立式容器内径 $D_i=800mm$，厚度 $\delta_n=12mm$，工作温度为 $200℃$，最高工作压力为 $1.5MPa$，材质为 Q345R。$200℃$ 时其许用应力 $[\sigma]^t=131MPa$。容器采用带垫板的单面焊对接接头，局部无损探伤，厚度附加量 $C=2mm$。校核该塔体工作应力与水压试验强度。

（8）一圆筒形容器内径 $D_i=1400mm$，计算压力 $p_c=1.8MPa$，设计温度为 $50℃$。材质为 15CrMoR，介质无腐蚀。双面焊对接接头，100% 无损检测。试设计该简体厚度，并分别按半球形、标准椭圆形两种封头形式计算封头厚度，综合两种封头的特点，推荐一种最佳封头类型。

（9）一容器内径 $D_i=800mm$，工作温度为 $400℃$，计算压力为 $1.2MPa$，材质为 14Cr1MoR，介质无腐蚀性。焊接接头系数为 0.9。设计釜体厚度并按标准椭圆形封头设计封头厚度。

6 外压容器稳定性安全设计

强度安全是承受内压载荷的压力容器的设计准则。许多压力容器（如真空容器、带夹套反应容器等）在外压下工作，此时筒壁内将产生经向压缩应力 σ_m 和环向压缩应力 σ_θ，其值与承受内压时相同（$\sigma_m = pD/4\delta$、$\sigma_\theta = pD/2\delta$）。若压缩应力达到材料的屈服点或抗压强度，将引起筒体的强度破坏。

然而实践发现，外压容器极少出现因压缩应力过大引起的强度破坏现象。容器承受外压时，随着外压的增大，壳体内的压应力在远未达到材料屈服点时，会瞬间失去原有的几何形态，呈现压扁或褶皱的状态，导致失效。这种失效形式称为失稳。容器的失稳是结构固有的一种特性，并非由外在缺陷引起。本章主要介绍外压容器预防失稳的稳定性安全设计方法。

6.1 临界压力

6.1.1 概念

容器受均匀侧向外压时，在某一临界值前，筒体壁面的任意点的应力状态均会处于一种稳定的平衡态，增加外压仅仅会改变应力数值，而不会引起应力状态的改变。壳体的变形在压力卸除后能够立即恢复至原有形状。但是，一旦外压增大至某一临界值，筒壁的应力状态发生突变，原有的应力平衡状态被打破，筒壁发生永久变形，在器壁上产生波纹，波纹数 n 不定，如图 6-1 所示。

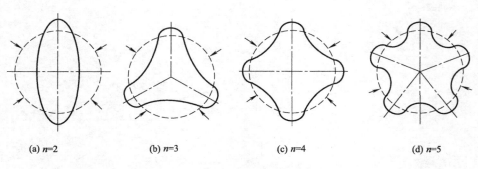

(a) $n=2$ (b) $n=3$ (c) $n=4$ (d) $n=5$

图 6-1 圆柱形筒体失稳后的形状

－－－－－－ 原形状；　———— 失稳后形状

导致筒体失稳的压力称为该筒体的临界（失稳）压力，用 p_{cr} 表示。筒体在临界压力的作用下，筒壁内存在的压应力称为临界压应力，用 σ_{cr} 表示。

6.1.2 影响临界压力的因素

影响临界压力的因素较多，如筒体的椭圆度、材料的不均匀性、载荷的不对称性、边界条件，以及材料性能等。但是，上述因素仅会小范围改变临界压力。例如，由于筒体的临界压力与材料的强度指标没有直接关系，仅与抵抗材料弹性变形的参数弹性模量 E 和泊松比 μ 有关。而各种钢材的 E 和 μ 相差不大，故通过选用更高强度的材料无法显著提高筒体的临界压力。

通过对外压筒体开展稳定性实验发现，影响临界压力的决定性因素是筒体的几何尺寸。实验筒体内径 90mm，长度设置多种规格。对筒体抽真空，记录其失稳时的真空度，结果如表 6-1 所示。

表 6-1 外压筒体稳定性实验结果

序号	筒径 D /mm	长度 L /mm	壁厚 δ /mm	加强圈	失稳时真空度 /mmH$_2$O	失稳波形数 /个
①	90	175	0.51	无	500	4
②	90	175	0.3	无	300	4
③	90	350	0.3	无	120~150	3
④	90	350	0.3	1个	300	4

注：1mmH$_2$O=9.80665Pa。

根据上述实验数据可以归纳如下结果：

① 对比表 6-1 中①和②的实验结果可知，当 L/D 相同时，δ/D 大时临界压力高。这是因为，圆筒失稳时，筒壁金属的环向"纤维"发生了弯曲，导致各点曲率发生突变。筒壁的 δ/D 越大，抵抗弯曲的能力越强，临界压力越高。

② 对比表 6-1 中②和③的实验结果说明，当 δ/D 相同时，L/D 小者临界压力高。这是因为，封头的刚性较筒体的刚性高。圆筒承受外压时，封头对筒体起到一定支承作用。随着筒体几何长度的减小，封头的支承效果越来越强，临界压力越来越高。因而，当筒体的 δ/D 相同时，筒体短时临界压力高。

③ 对比表 6-1 中③和④的实验结果说明，当 δ/D、L/D 相同时，有加强圈时临界压力高。这是因为，当圆筒长度超过某一限度后，封头对筒体中部的支承作用完全消失，这种得不到封头支承作用的圆筒，临界压力相对较低。为了在不改变圆筒几何长度的条件下提高临界压力，可在筒体外壁或内壁焊接一个或数个加强圈。由于加强圈的刚性大，可以使原来得不到封头支承作用的筒壁得到加强圈的支承。所以，当筒体的 δ/D、L/D 相同时，有加强圈者临界压力高。

需要强调的是，当筒体上焊接加强圈后，原有筒体的几何长度无法用于计算临界压力，需要用计算长度 L。计算长度是指两相邻加强圈的间距，对与封头相连的那段筒体来说，计算长度应计入凸形封头 1/3 的凸面高度，如图 6-2 所示。

6.1.3 长圆筒、短圆筒及刚性圆筒

按照失稳破坏情况，受外压的圆筒形壳体可分为长圆筒、短圆筒和刚性圆筒三种。

（1）长圆筒

当圆柱壳的 L/D_o 较大、δ_e/D_o 较小时，其中间部分不受两端约束或刚性构件的支持作

当载荷在失稳作用力达到临界压力（临界载荷）时，用 p_{cr} 表示。当壳体在临界压力的作用下，壳壁内仅产生压应力 σ_{cr}，即称临界应力。

6.1.2 影响临界压力的因素

影响临界压力的因素很多，设计制造单位、制材质的不均匀性、也是影响着各种材料的力学性能也有所不同，都会对临界压力产生影响。

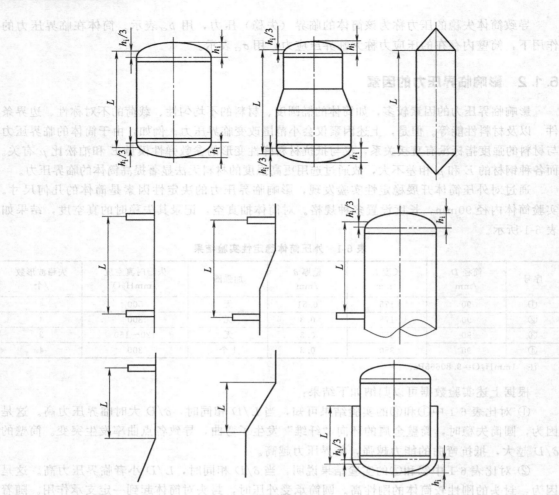

图 6-2 外压筒体的计算长度

用，壳体刚性较差，失稳时呈现两个波纹，这样的圆柱壳称为长圆筒。长圆筒的临界失稳压力 p_{cr} 仅与 D_o/δ_e、δ/D 有关，与 L/D 无关。

（2）短圆筒

当圆柱壳的 L/D_o 较小、δ_e/D_o 较小时，壳体两端的约束或刚性构件对圆柱壳的支持作用较为显著，壳体刚性较大，失稳时呈现两个以上的波纹数，这种圆柱壳称为短圆筒。短圆筒的临界失稳压力 p_{cr} 与 L/D_o、δ_e/D_o 有关。

（3）刚性圆筒

当圆筒的 L/D_o 较小、δ_e/D_o 较大时，壳体的刚性很大。圆柱壳体的失效形式是压缩强度破坏，这种圆柱壳称为刚性圆筒。刚性圆筒不会发生失稳，设计时只要满足强度条件即可。

6.1.4 临界压力的理论计算公式

（1）钢制长圆筒

长圆筒的临界失稳压力 p_{cr} 可由圆环的临界失稳压力公式推导得到，见式（6-1）。

$$p_{cr}=\frac{2E^t}{1-\mu^2}\left(\frac{\delta_e}{D_o}\right)^3 \tag{6-1}$$

式中 δ_e——筒体有效厚度，mm；

μ——材料泊松比；

E^t——设计温度下材料的弹性模量，MPa。

对于钢制圆筒（$\mu=0.3$），式（6-1）可表达为：

$$p_{cr}=2.2E^t\left(\frac{\delta_e}{D_o}\right)^3 \tag{6-2}$$

式（6-2）即为钢制外压长圆筒的临界失稳压力计算式，失稳波纹数 $n=2$。

（2）钢制短圆筒

短圆筒因受边缘的加强作用，临界失稳压力 p_{cr} 会提高，失稳波纹数也会增大。临界失稳压力 p_{cr}：

$$p_{cr}=2.59E^t\frac{(\delta_e/D_o)^{2.5}}{L/D_o} \tag{6-3}$$

式中，L 为筒体计算长度，mm，取值方法见图6-2。其他符号同前。

（3）刚性圆筒

由于刚性圆筒不存在外压失稳问题，故不存在临界压力概念。刚性外压圆筒设计时只需要考虑外压载荷下的强度问题。其强度校核公式与计算内压圆筒的公式相同，只是式中的许用应力要用材料的许用压应力代替，即：

$$\sigma_{\text{压}}^t=\frac{p_c(D_i+\delta_e)}{2\delta_e}\leqslant[\sigma]_{\text{压}}^t\phi \tag{6-4}$$

$$[p_w]=\frac{2\delta_e\phi[\sigma]_{\text{压}}^t}{D_i+\delta_e} \tag{6-5}$$

式中 $[\sigma]_{\text{压}}^t$——材料在设计温度下的许用压应力，MPa，可取 $[\sigma]_{\text{压}}^t=\sigma_s^t/4$；

$[p_w]$——圆筒的最大允许工作压力，MPa；

ϕ——焊接接头系数，在计算压应力时可取 $\phi=1$；

p_c——计算外压力，MPa。

其他符号同前。

6.1.5 临界长度

长圆筒与短圆筒的区分参数为临界长度 L_{cr}。当圆筒处于临界长度时，用式（6-2）和式（6-3）计算的临界失稳压力 p_{cr} 应相等，由此得到临界长度 L_{cr}：

$$L_{cr}=1.17D_o\sqrt{\frac{D_o}{\delta_e}} \tag{6-6}$$

当筒体计算长度 $L>L_{cr}$ 时，称为长圆筒，其临界失稳压力 p_{cr} 由式（6-2）确定，失稳波纹数 $n=2$；当 $L<L_{cr}$ 时，称为短圆筒，其临界失稳压力 p_{cr} 由式（6-3）确定，失稳波纹数 $n>2$。

类似地，短圆筒与刚性圆筒的区分参数为临界长度 L_{cr}'。因工程上较少用到该参数，在此不再分析。

6.2 外压圆筒的工程设计方法

6.2.1 设计准则

上述外压圆筒临界压力的计算均假定筒体不存在初始椭圆度、材料为理想无缺陷状态。

实践发现，受实际椭圆度、材料等因素影响，较多圆筒在外压达到临界压力的 30%～50% 时就可能发生失稳。因此，在设计时，要求外压力 p 要低于临界失稳压力 p_{cr}，即留有足够的安全裕量。筒体的许用外压力 $[p]$ 为：

$$[p]=\frac{p_{cr}}{m} \tag{6-7}$$

式中，m 为稳定安全系数，类似于强度计算中的安全系数 n。

稳定安全系数 m 的大小取决于圆筒形状的准确性、载荷的对称性、材料的均匀性、制造方法及设备在空间的位置等很多因素。对圆筒、锥壳，取 $m=3$；对球壳、椭圆形封头和碟形封头，取 $m=15$。

在设计时，必须使计算外压力 $p_c \leqslant [p]$，并接近 $[p]$，所确定的筒体壁厚才能满足外压稳定的合理要求。

6.2.2 外压容器的图算法

依据前面内容，计算筒体许用外压 $[p]$ 的步骤如下：

① 假定筒体有效厚度 δ_e，依据 D_o、δ_e/D_o 和式（6-6）求出筒体临界长度 L_{cr}，比较筒体计算长度 L 与临界长度 L_{cr} 判断属于长圆筒还是短圆筒；

② 根据相应的长圆筒或短圆筒临界失稳压力公式（6-1）、式（6-2）求取 p_{cr}；

③ 选取合适的稳定性安全系数 m，计算许用外压 $[p]=p_{cr}/m$；

④ 比较设计外压力 p 与 $[p]$，若 $p \leqslant [p]$，则所假定 δ_e 符合要求；若 $p > [p]$ 或 p 比 $[p]$ 小很多，则须重新假定 δ_e，重复以上步骤，直到满足要求为止。

显然，上述试算法较为烦琐。为了便于计算，各国设计规范均推荐采用图算法确定外压圆筒的厚度。

6.2.2.1 图算法的原理

圆筒受外压时，根据临界压力的计算公式（6-1）、式（6-2）以及薄膜理论（$\sigma_\theta = pD/2\delta$）及应力应变关系（$\sigma = E\varepsilon$），可得临界失稳压力 p_{cr} 作用下筒壁的应变：

对长圆筒：
$$\varepsilon_{cr} = 1.1\left(\frac{\delta_e}{D_o}\right)^2 \tag{6-8}$$

对短圆筒：
$$\varepsilon_{cr} = 1.3\frac{(\delta_e/D_o)^{1.5}}{L/D_o} \tag{6-9}$$

式（6-8）和式（6-9）表明，外压圆筒失稳时，筒壁的环向应变 ε_{cr} 仅为 L/D_o 和 D_o/δ_e 的函数，即：

$$\varepsilon_{cr} = f(L/D_o, D_o/\delta_e)$$

令 $A = \varepsilon_{cr}$，定义为外压应变系数。以 A 为横坐标，L/D_o 为纵坐标，D_o/δ_e 为参变量，即可得出外压圆筒稳定性的几何算图，如图 6-3 所示。图中的每条曲线均由两部分线段组成：垂直部分表示 A 与 L/D_o 无关，即满足式（6-8）；倾斜部分表示 A 与 L/D_o、D_o/δ_e 有关，即满足式（6-9）。每条曲线的转折点所表示的长度即为该圆筒的临界长度 L_{cr}。利用图 6-3 的曲线，可以快速地找到一个尺寸已知的外压圆筒失稳时筒壁环向应变系数 A 的大小。

然而，外压圆筒工程设计要解决的问题是：一个尺寸已知的外压圆筒，当其失稳时，其临界失稳压力 p_{cr} 的大小，以及为了保证安全操作，所允许的工作外压 $[p]$ 的大小。现在已经有筒体尺寸（L、D_o、δ_e）与失稳时的环向应变之间 A 的关系曲线，如果能够进一步

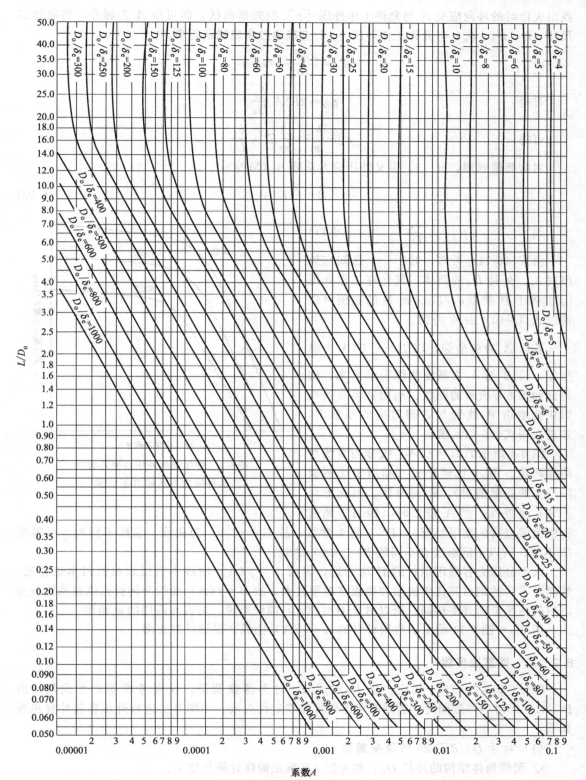

系数A

图 6-3　外压应变系数 A 曲线

找出失稳时的环向应变 A 与允许工作外压 $[p]$ 的关系曲线，即可以 A 为媒介，将筒体的尺寸（L、D_o、δ_e）与允许工作外压 $[p]$ 直接通过曲线联系起来。

由：
$$\sigma_{cr} = \frac{p_{cr}D_o}{2\delta_e} = E^t A$$

可得：
$$p_{cr} = 2E^t A \frac{\delta_e}{D_o}$$

可得：
$$[p] = \frac{p_{cr}}{m} = \frac{2}{m}E^t A \frac{\delta_e}{D_o}$$

对圆筒形容器，$m = 3$。定义外压应力系数 B（MPa）：

$$B = \frac{2}{3}E^t A \qquad (6\text{-}10)$$

则：
$$[p] = B\frac{\delta_e}{D_o} \qquad (6\text{-}11)$$

由式（6-11）可知，对于一个已知有效厚度 δ_e、外径 D_o 的筒体，其允许工作外压 $[p]$ 等于 B 乘以 δ_e/D_o。而 B 的数值可以通过式（6-10）由 A 得到。

若以 A 为横坐标，以 $B = \frac{2}{3}E^t A$ 为纵坐标，将 B 与 A 关系用曲线表示出来，就得到如图 6-4 所示的曲线。利用这组曲线可以快速地由 A 找到与之相对应的系数 B，并进而用式（6-11）求出 $[p]$。

图 6-4 所示的 $B = f(A)$ 线分为直线与曲线两段。当 A 比较小时（相当于比例极限以前的变形情况），E^t 是常数，因此 $B = f(A)$ 呈直线；当 A 较大时（相当于超过比例极限以后的变形情况），E^t 不再为常数，故 $B = f(A)$ 为曲线。温度不同时，材料的 E^t 不同，所以不同温度有不同的 $B = f(A)$ 曲线。

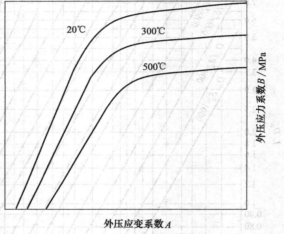

图 6-4 外压圆筒外压应变系数 A 和外压应力系数 B 示意图

大部分压力容器用钢材的 E 均相近，因而 $B = f(A)$ 曲线中直线线段的斜率也相近。然而，不同的钢材其比例极限和屈服点差别较大，故 $B = f(A)$ 曲线的转折点位置及转折点以后的曲线走向并不相同。所以对于 $B = f(A)$ 曲线来说，均有其适用的 σ_s 范围。

图 6-5～图 6-14 给出了常用材料的 $B = f(A)$ 曲线，供设计时查阅。

6.2.2.2　图算法步骤

GB/T 150.3—2011 规定：当 $D_o/\delta_e \geqslant 20$ 时为薄壁圆筒，仅需考虑稳定性失效；当 $D_o/\delta_e < 20$ 时为厚壁圆筒，需同时考虑强度和稳定性失效。用图算法进行外压容器计算步骤如下：

（1）对于 $D_o/\delta_e \geqslant 20$ 的薄壁圆筒

◇ 明确筒体结构的外径 D_o，参考图 6-2 确定筒体计算长度 L。

◇ 假定筒体名义厚度 δ_n，确定有效厚度 $\delta_e = \delta_n - C$。

◇ 计算参数 L/D_o、D_o/δ_e。

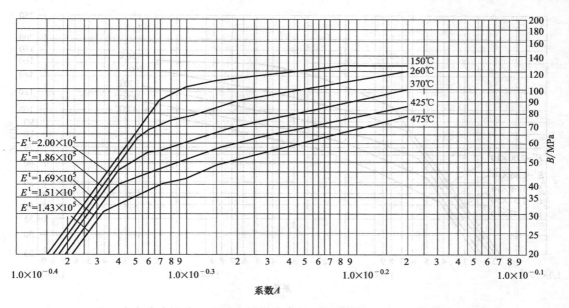

图 6-5 R_{eL}＜207MPa 的碳素钢和 S11348 钢外压应力系数 B 曲线

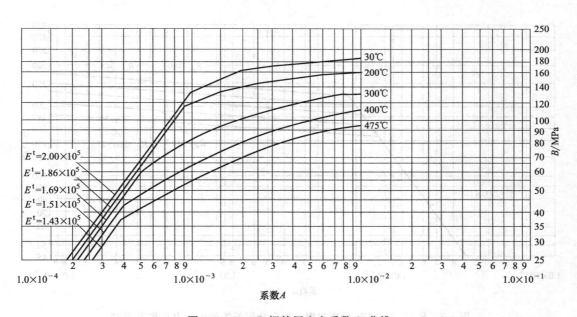

图 6-6 Q345R 钢外压应力系数 B 曲线

◇ 在几何算图 6-3 左方找到 L/D_o，将此点沿水平方向右移与 D_o/δ_e 线相交（遇中间值用内插法）。若 L/D_o＞50，则用 L/D_o＝50；a 若 L/D_o＜0.05 则用 L/D_o＝0.05。

◇ 过此交点沿垂直方向下移，在图 6-3 的下方得到系数 A。

◇ 根据所用材料选择图 6-5～图 6-14，在图的下方找到查取得 A 值。

·若 A 落在设计温度下材料线的右方，则将此点垂直上移，与设计温度下的材料线相交（遇中间温度值用插值法），再将此点沿水平方向右移，在图的右方得到系数 B，并按下式计算许用外压力 $[p]$。

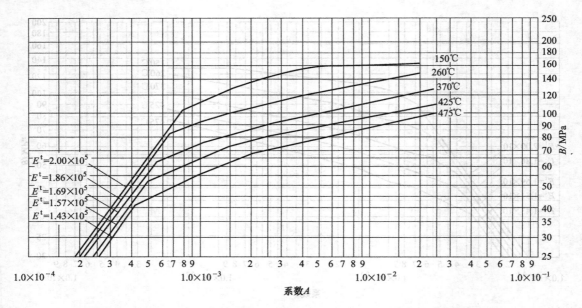

图 6-7 $R_{eL} > 207MPa$ 的碳素钢、低合金钢和 S11306 钢外压应力系数 B 曲线

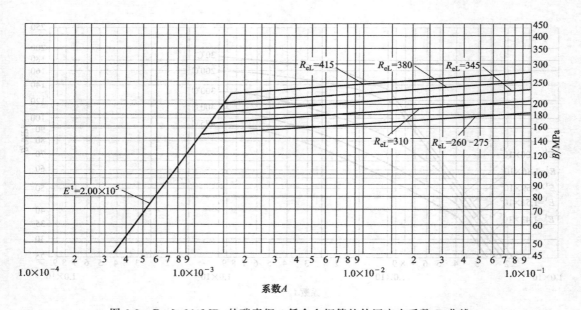

图 6-8 $R_{eL} > 260MPa$ 的碳素钢、低合金钢等的外压应力系数 B 曲线

$$[p] = \frac{B}{D_o/\delta_e} \tag{6-12}$$

·若 A 落在设计温度下材料线的左方，则用下式计算许用外压力 $[p]$。

$$[p] = \frac{2AE^t}{3D_o/\delta_e} \tag{6-13}$$

◇ 比较计算外压力 p_c 与 $[p]$，若 $p_c > [p]$，则需要再假设名义厚度 δ_n，重复上述计算，直至 $[p]$ 大于且接近 p_c 为止。

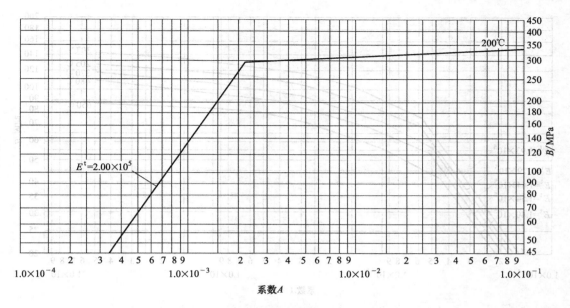

图 6-9　外压应力系数 B 曲线（适用于 07MnMoVR 钢等）

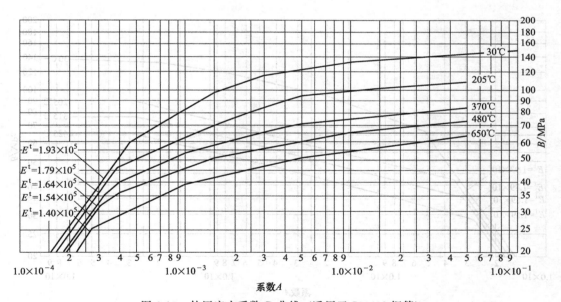

图 6-10　外压应力系数 B 曲线（适用于 S30408 钢等）

（2）对于 $D_o/\delta_e < 20$ 的厚壁圆筒

◇ 用与 $D_o/\delta_e \geqslant 20$ 相同的步骤得到系数 B。但对 $D_o/\delta_e < 4$ 的圆筒，应按式（6-14）求 A 值：

$$A = \frac{1.1}{(D_o/\delta_e)^2} \tag{6-14}$$

系数 $A > 0.1$ 时，取 $A = 0.1$。

为满足稳定性，厚壁圆筒的许用外压应不低于式（6-15）值：

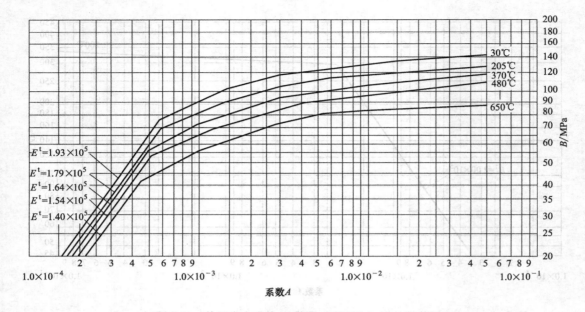

图 6-11 外压应力系数 B 曲线（适用于 S31608 钢等）

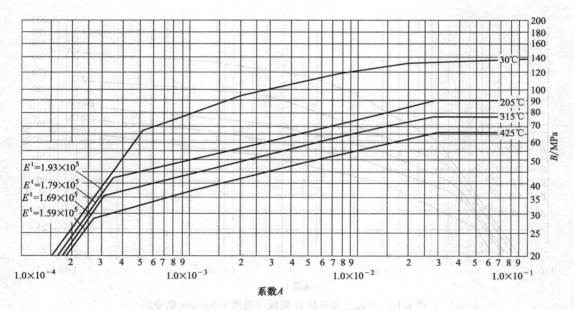

图 6-12 外压应力系数 B 曲线（适用于 S30403 钢等）

$$[p] = \left(\frac{2.25}{D_o/\delta_e} - 0.0625\right) B \tag{6-15}$$

为满足强度，厚壁圆筒的许用外压不低于下式值：

$$[p] = \frac{2\sigma_o}{D_o/\delta_e}\left(1 - \frac{1}{D_o/\delta_e}\right) \tag{6-16}$$

式中 $\sigma_o = \min\{2[\sigma]^t, 0.9\sigma_s^t(\text{或}\sigma_{0.2}^t)\}$

取式（6-15）和式（6-16）计算结果的较小者，作为厚壁圆筒的许用外压。

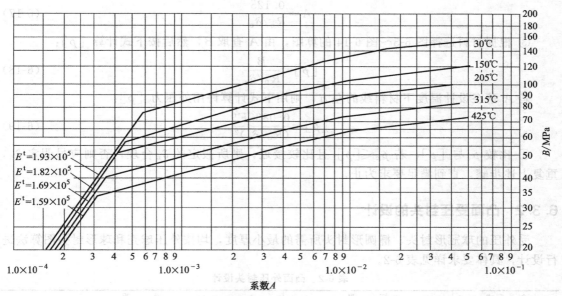

图 6-13 外压应力系数 B 曲线（适用于 S31603 钢等）

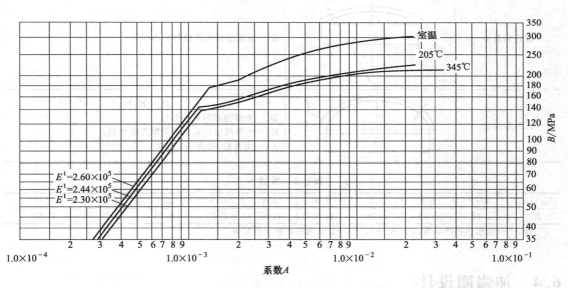

图 6-14 外压应力系数 B 曲线（适用于 S21953 钢等）

6.3 外压球壳及凸形封头设计

6.3.1 球壳及半球形封头

受外压的球壳和半球形封头所需的厚度，按下列步骤计算：
① 假定名义厚度 δ_n，确定有效厚度 $\delta_e = \delta_n - C$，确定 R_o/δ_e。
② 计算系数 A：

$$A=\frac{0.125}{R_o/\delta_e} \tag{6-17}$$

③ 根据材料选择图 6-5～图 6-14 的算图，由 A 查取 B，然后按下式计算 $[p]$：

$$[p]=\frac{B}{R_o/\delta_e} \tag{6-18}$$

若 A 落在设计温度下材料线的左方，则用下式计算许用外压力 $[p]$：

$$[p]=\frac{0.0833E^t}{(R_o/\delta_e)^2} \tag{6-19}$$

④ 比较 p_c 与 $[p]$，若 $p_c \leqslant [p]$ 且比较接近，则所假定的 δ_n 合理，否则应另假定 δ_n，重复上述步骤，直到满足要求为止。

6.3.2 凸面受压封头的设计

受外压的球冠形封头、椭圆形封头所需的最小厚度，均按外压球壳和球形封头图算法进行设计，具体要求详见表 6-2。

表 6-2 凸面外压封头设计

封头型式	简图	说明
球冠形封头		R_i—球冠形封头球面部分内半径
椭圆形封头		$R_o=K_1D_o$ D_o—为椭圆形封头的外径； R_o—为椭圆形封头的当量球壳外半径； K_1—为系数，按表 6-3 选取

表 6-3 系数 K_1

$D_o/(2h_o)$	2.6	2.4	2.2	2.0	1.8	1.6	1.4	1.2	1.0
K_1	1.18	1.08	0.99	0.90	0.81	0.73	0.65	0.57	0.50

注：中间值用内插法求得；$h_o=h_i+\delta_n$；$K_1=0.9$ 为标准椭圆形封头。

6.4 加强圈设计

6.4.1 加强圈作用

设计外压圆筒时，若许用外压力 $[p]$ 小于计算外压力 p_c，则需要考虑增加筒体厚度 δ_e，以提高其临界失稳压力 p_{cr}。然而根据 p_{cr} 计算公式可知，降低圆筒的计算长度 L，也能达到提高 p_{cr} 的效果。由图 6-2 可知，计算长度 L 是指筒体两个刚性构件（如法兰、端盖、管板、加强圈等）间的距离。从经济性上考虑，减小 L 往往比增加 δ_e 更有效。

常用的减小筒体计算长度的方法是在设置加强圈。加强圈是为增强容器的刚性和稳定性而固定于容器上的环状构件，常采用角钢、工字钢、矩形钢等截面惯性矩大、刚性好的型钢制作。

6.4.2　加强圈尺寸设计

加强圈的尺寸必须满足一定要求。其设计步骤如下：

① 选定加强圈材料和截面尺寸，计算其横截面积 A_s 和加强圈与圆筒有效段组合截面的惯性矩 I_s。圆筒有效段系指在加强圈中心线两侧有效宽度各为 $0.55\sqrt{D_o\delta_e}$ 的壳体。若加强圈中心线两侧圆筒有效宽度与相邻加强圈的圆筒有效宽度相重叠，则该圆筒的有效宽度中相重叠部分每侧按一半计算。

② 确定外压应力系数 B 值：

$$B = \frac{p_c D_o}{\delta_e + (A_s/L_s)} \tag{6-20}$$

式中，L_s 为从加强圈中心线到相邻两侧加强圈中心线距离之和的一半，若与凸形封头相邻，在长度中还应计入封头曲面深度的 1/3，mm。

③ 确定外压应变系数 A。根据加强圈的材料，选择相应的算图，由 B 值查取 A 值（遇中间值用内插法）。若 B 值超出设计温度曲线的最大值，则取对应温度曲线右端点的横坐标值为 A 值；若 B 值小于设计温度曲线的最小值，则按下式计算 A 值：

$$A = \frac{3B}{2E^t} \tag{6-21}$$

④ 确定所需的惯性矩 I。按下式计算加强圈与圆筒组合端所需的惯性矩 I 值：

$$I = \frac{D_o^2 L_s \left(\delta_e + \dfrac{A_s}{L_s}\right)}{10.9} A \tag{6-22}$$

⑤ I_s 应大于或等于 I，否则应选用较大惯性矩的加强圈，重复上述步骤，直至 I_s 大于且接近 I 为止。

6.4.3　加强圈间距设计

在计算外压力 p_c 下，若设置的加强圈使得筒体的许用外压力 $[p]$ 与计算外压力 p_c 相等，则此时的加强圈间距 L_s 为最大值 L_{smax}。根据临界失稳压力 p_{cr} 公式：

$$p_{cr} = m[p] = 3p_c = 2.59E^t \frac{(\delta_e/D_o)^{2.5}}{L_{smax}/D_o}$$

可计算得到加强圈的最大间距 L_{smax} 为：

$$L_{smax} = 0.86E^t \frac{D_o}{p_c}\left(\frac{\delta_e}{D_o}\right)^{2.5} \tag{6-23}$$

加强圈的实际间距 L_s 若不超过 L_{smax}，则表明该圆筒能够承受计算外压力 p_c 的作用，而所需加强圈的个数等于圆筒不设加强圈时的计算长度 L 除以所需加强圈最大间距 L_{smax}，再减去 1，即加强圈个数 $n = L/L_{smax} - 1$。

6.4.4　加强圈与圆筒的连接

加强圈可以焊接在容器外部，也可焊在容器内部。与筒体的焊接可用连续焊或间断焊。连续焊对筒体失稳时的支撑作用最好。设置在筒体外部的加强圈若采用间断焊时，筒体失稳时能起的支撑作用将显著减弱，所以每侧焊缝的总长应不小于容器外圆周长的 1/2。设置在容器内部的加强圈如采用间断焊，对筒体失稳时能起的支撑作用的减弱较小，因而其间断焊每侧焊缝总长可不小于容器内圆内长的 1/3。间断焊缝的布置与间距可参考图 6-15。间断焊缝可以相互错开或并排布置。最大间隙 t，对外加强圈为 $8\delta_n$，对内加强圈为 $12\delta_n$。

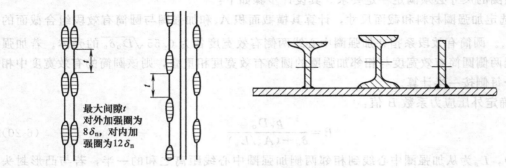

最大间隙 t
对外加强圈为
$8\delta_n$，对内加
强圈为 $12\delta_n$

图 6-15 加强圈结构

为了保证壳体的稳定性，加强圈不得随意削弱或割断。设在筒体外部的加强圈较容易实现，但在筒体内部的加强段，由于工艺开孔等原因，往往会被割开或削弱。加强圈允许割开或削弱而不需补强的最大间断弧长值可由图 6-16 查得。

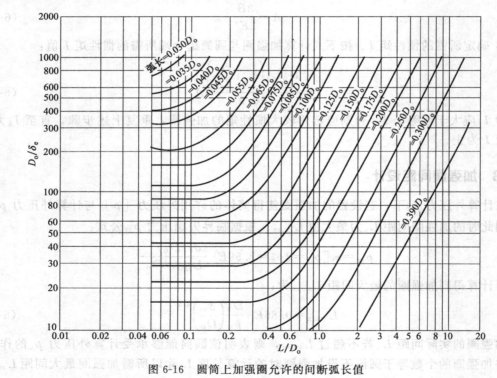

图 6-16 圆筒上加强圈允许的间断弧长值

6.5 外压容器压力试验

外压容器和真空容器以内压进行水压试验。对于由两个或以上压力室组成的容器，应在图样上分别注明各个压力室的试验压力，并校核相邻壳壁在压力试验下的稳定性是否足够。

如果不能满足稳定性要求，则须规定在进行压力试验时，相邻压力室内须保持一定的压力，以使整个试验过程（包括升压、保压和泄压）中的任一时间内，各压力室的压力差不超过允许压差，图样上应注明这一要求和允许的压差值。

外压容器和真空容器的试验压力：

液压试验： $\qquad p_T = 1.25 p_d$

气压试验或气液组合试验： $\qquad p_T = 1.1 p_d$

式中，p_T 为试验压力，MPa；p_d 为设计压力，MPa。

压力试验前应校核圆筒的应力。其余规定可参考内压容器的压力试验。

6.6 外压容器设计例题

【例 6-1】 一外压圆筒，如图 6-17（a）所示，内径 $D_i = 1800\text{mm}$，计算长度 $L = 10350\text{mm}$，设计温度为 250℃，厚度附加量取 $C = 2\text{mm}$，材质为 Q345R，设计温度下弹性模量 $E^t = 186.4\text{GPa}$。若计算外压力 $p_c = 0.2\text{MPa}$，试确定该圆筒的壁厚。

【例题解答】

① 假设筒体名义厚度 $\delta_n = 14\text{mm}$，则

筒体外径 $D_o = 1800 + 2 \times 14 = 1828\text{mm}$；

筒体有效厚度 $\delta_e = \delta_n - C = 14 - 2 = 12\text{mm}$；

$L/D_o = 10350/1828 = 5.7$；$D_o/\delta_e = 1828/12 = 152 > 20$

② 在图 6-3 的左方找出 $L/D_o = 5.7$ 的点，将其水平右移，与 $D_o/\delta_e = 152$ 的线交于一点，再将其垂直下移，在图 6-3 的下方得到系数 $A = 0.00011$。

③ 在图 6-6 的下方找到系数 $A = 0.00011$ 所对应的点，此点落在材料温度线的左方，故利用式 (6-13) 确定 $[p]$：

$$[p] = \frac{2AE^t}{3D_o/\delta_e} = \frac{2 \times 0.00011 \times 186.4 \times 10^3}{3 \times 152} = 0.0899\text{MPa}$$

显然，$[p] < p_c$，故假设的筒体名义厚度 $\delta_n = 14\text{mm}$ 不满足稳定性要求。

④ 要想使筒体满足稳定性要求，可以重新假定更大数值的名义厚度。也可以设置加强圈。仍取筒体名义厚度 $\delta_n = 14\text{mm}$，假设设置两个加强圈，如图 6-17（b）所示，则筒体的计算长度 $L = 3450\text{mm}$。则：

$$L/D_o = 3450/1828 = 1.9；D_o/\delta_e = 152 > 20$$

重新查图，得 $A = 0.00035$、$B = 42.5$。

利用 (6-12) 计算许用外压力 $[p]$：

$$[p] = \frac{B}{D_o/\delta_e} = \frac{42.5}{152} = 0.28\text{MPa}$$

显然，$[p] > p_c$，且较接近，故该外压圆筒采用名义厚度为 14mm 的 Q345R 钢板制作，设置两个加强圈满足外压稳定性设计。

【例 6-2】 一外压圆筒，两端设置椭圆形封头。已知封头内径 $D_i = 1800\text{mm}$，封头内壁面曲面高 $h_i = 450\text{mm}$，设计外压力 $p_c = 0.4\text{MPa}$，设计温度为 400℃，材料为 Q345R，取厚度附加量 $C = 2\text{mm}$，计算封头厚度。

【例题解答】

① 假设封头名义厚度 $\delta_n = 14\text{mm}$，则：

如果不能在整个长度范围内都进行加强时，则应在近于内径的地方进行一定的增厚，
以使整个圆筒（包括封头、圆筒和相邻部件）在同一根轴线上都能有相同的承载能力。

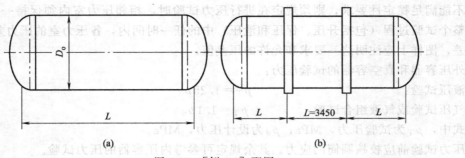

图 6-17　[例 6-1] 配图

$$\delta_e = \delta_n - C = 14 - 2 = 12mm$$
$$D_o = D_i + 2\delta_n = 1828mm$$
$$h_o = h_i + \delta_n = 464mm$$
$$D_o/2h_o = 1828/(2 \times 464) = 1.97$$

由表 6-3 查得，$K_1 = 0.887$（插值）

$$R_o = K_1 D_o = 0.887 \times 1828 = 1621mm$$
$$R_o/\delta_e = 1621/12 = 135$$

② 根据式（6-17）计算 A：

$$A = \frac{0.125}{R_o/\delta_e} = 0.125/135 = 0.00093$$

③ 由图 6-6 查得 $B = 62$，利用式（6-18）计算许用压力 $[p]$：

$$[p] = \frac{B}{R_o/\delta_e} = 62/135 = 0.46MPa$$

④ 由于设计外压力 $p_c = 0.4MPa < [p]$，且 p_c 与 $[p]$ 较接近，故名义厚度 $\delta_n = 14mm$ 合适。因此该椭圆封头可以采用名义厚度为 14mm 的 Q345R 钢板。

【例 6-3】　设计如图 6-18 所示的外压容器加强圈尺寸。已知圆筒外径 $D_o = 1828mm$，有效壁厚 $\delta_e = 12mm$，$L_s = 3425mm$，设计温度 $t = 260℃$，加强圈材质为 Q235A，圆筒材质为 Q345R，计算外压力 $p_c = 0.2MPa$。

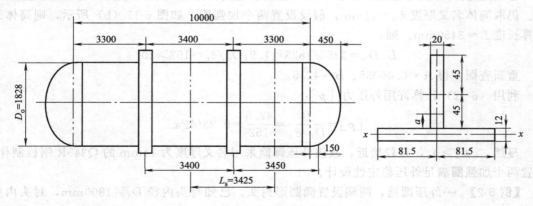

图 6-18　[例 6-3] 配图

【例题解答】

（1）选择加强圈的尺寸规格为 90mm×20mm 的扁钢，加强圈两侧表面的腐蚀裕量均为

1mm，则加强圈的计算尺寸为 90mm×18mm。

（2）计算加强圈横截面积 A_s 及组合截面的惯性矩：

加强圈的横截面积 A_s：

$$A_s = 90 \times 18 = 1620 \text{mm}^2$$

加强圈的惯性矩 I_1：

$$I_1 = 18 \times 90^3 / 12 = 1093500 \text{mm}^4$$

加强圈两侧筒体起加强作用部分的宽度 b：

$$b = 0.55 \sqrt{D_o \delta_e} = 0.55 \sqrt{1828 \times 12} = 81.5 \text{mm}$$

筒体起加强作用部分的截面积 A_2：

$$A_2 = 2 \times 12 \times 81.5 = 1956 \text{mm}^2$$

筒体起加强作用部分的惯性矩 I_2：

$$I_2 = \frac{2 \times 81.5 \times 12^3}{12} = 23472 \text{mm}^4$$

形心离 x-x 轴的距离 a：

$$a = \frac{A_s \times (45 + 6)}{A_s + A_2} = \frac{1620 \times (45 + 6)}{1620 + 1956} = 23.1 \text{mm}$$

计算加强圈与壳体组合段的惯性矩 I_s：

$$I_s = I_1 + A_s (45 + 6 - a)^2 + I_2 + A_2 a^2 = 1093500 + 1620 \times$$
$$(45 + 6 - 23.1)^2 + 23472 + 1956 \times 23.1^2 = 3.42 \times 10^6 \text{mm}^4$$

（3）由式（6-20）可知：

$$B = \frac{p_c D_o}{\delta_e + (A_s / L_s)} = \frac{0.2 \times 1828}{12 + (1620/3425)} = 29.31 \text{MPa}$$

（4）查图 6-6，得系数 $A = 0.00023$。

（5）由式（6-22）计算加强圈与壳体组合截面所需的惯性矩 I：

$$I = \frac{D_o^2 L_s (\delta_e + A_s / L_s)}{10.9} A = \frac{1828^2 \times 3425 \times (12 + 1620/3425)}{10.9} \times 0.00023 = 3.01 \times 10^6 \text{mm}^4$$

（6）由于 $I_s > I$，故选用 90mm×20mm 的 Q235A 扁钢满足设计要求。

 习 题

1. 名词解释

（1）外压容器；（2）容器失稳；（3）临界压力；（4）长圆筒；（5）短圆筒；（6）刚性圆筒；（7）临界长度；（8）计算长度；（9）稳定安全系数。

2. 填空题

（1）影响临界压力的因素有_____、_____、_____等。

（2）壳体失稳时呈现两个波纹的圆柱壳称为_____；呈现两个以上的波纹数的圆柱壳称为_____；不会发生失稳的圆柱壳称为_____。

（3）外压容器的焊接接头系数 $\phi =$ _____；稳定性安全系数 $m =$ _____。

（4）直径与壁厚分别为 D、δ 的薄壁圆筒壳，承受均匀侧向外压 p 作用时，其环向应力 $\sigma_\theta =$ _____、经向应力 $\sigma_m =$ _____；它们均为_____应力，且与圆筒的长度 L _____有关。

（5）外压容器的加强圈，其作用是将_____圆筒转化为_____圆筒，以提高临界失稳压力，减薄筒体壁厚。计算加强圈的惯性矩时应包括_____和_____两部分的惯性矩。

3. 判断题

(1) 容器失稳是由于结构缺陷引起的。　　　　　　　　　　　　　　　　　　　　　　　(　　)

(2) 若圆筒材质绝对理想，制造精度绝对保证，则在外压下不会发生失稳。　　　　　　(　　)

(3) 18MnMoNbR 钢板的屈服点比 Q235-AR 钢板的屈服点高 108％，因此，用 18MnMoNbR 钢板制造的外压容器，要比用 Q235-AR 钢板制造的同一设计条件下的外压容器节省许多钢材。　　　　(　　)

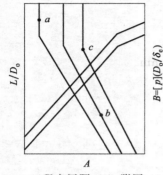

工程应用题 (1) 附图

(4) 几何形状和尺寸完全相同的三个不同材料制造的外压容器，其临界失稳压力大小依次为 p_{cr}（不锈钢）$>p_{cr}$（铝）$>p_{cr}$（铜）。　　　　　　　　　　　　　　　　　　　　(　　)

(5) 外压容器的加强圈越多，壳壁所需厚度就越薄，则容器的总重量就越轻。　　　　　　　　　　　　　　　　　　　　　　　　　　　　(　　)

4. 工程应用题

(1) 图中 A、B、C 点表示三个受外压的钢制圆筒，材质为碳素钢，$\sigma_s = 345MPa$，$E = 200GPa$。

① A、B、C 三个圆筒各属于哪一类圆筒？其失稳时的波形数 n 为多少？

② 若将圆筒改为铝合金制造（$\sigma_s = 108MPa$，$E = 200GPa$），其许用应力有何变化？变化的幅度是多少？

(2) 比较如图所示的四个短圆筒，在相同操作温度下的临界压力大小。

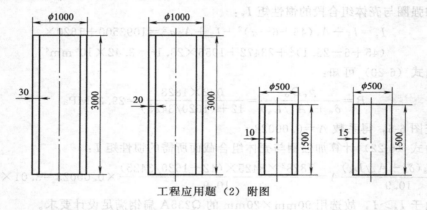

工程应用题 (2) 附图

(3) 一台聚乙烯反应釜，外径 $D_o = 1600mm$，高 $L = 7000mm$（切线长度），有效厚度 $\delta_e = 10mm$，材质为 S30408，设计温度为 200℃，确定釜体的最大允许外压力。

(4) 一减压分馏塔，处理介质为油气混合物，最高操作温度为 420℃，塔体内径 $D_i = 3400mm$，有效厚度 $\delta_e = 14mm$，采用 Q345R 钢板制造。塔外装有 125mm×125mm×10mm 的等边角钢（Q235-A）制造的加强圈。加强圈间距为 2000mm。试校核塔体轴向稳定性。

(5) 一真空容器，内径 $D_i = 1000mm$，圆筒长度为 2000mm，两端为半球形封头。材质为 Q245R，壁温不超过 200℃。试计算筒体和半球形封头的厚度。若在该容器上安装一个加强圈，再设计筒体和封头厚度。

7 压力容器零部件安全设计

　　压力容器除了要对筒体、封头开展强度或稳定性安全设计外，还需要对零部件开展设计。压力容器常见零部件包括法兰连接、开孔接管、容器支座、容器附件如凸缘、手孔、人孔、视镜等。在这些零部件设计中，常见的失效行为包括法兰密封泄漏以及开孔补强不够等，其他附件的失效概率较低。因此，本章关注法兰连接以及开孔补强的安全设计及选用。

7.1　法兰连接

7.1.1　法兰连接结构及原理

　　法兰连接是压力容器应用最为广泛的连接结构，其结构如图7-1所示，通过连接件（螺栓），将被连接件（法兰）连接成为一个整体。由于法兰密封面刚度及表面粗糙度大，且螺栓预紧力的不同造成密封面承受载荷不均匀，因此在法兰密封面间放入质地较软的密封元件（垫片）。一方面通过拧紧螺栓时垫片的受压变形，将密封面间粗糙的泄漏通道堵塞；另一方面当法兰受到内部介质压力使得密封面产生分离变形时垫片能够回弹补足分离变形，使法兰面间保持足够的剩余垫片应力，以保证密封有效。

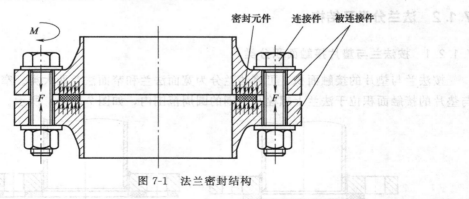

图 7-1　法兰密封结构

　　在生产实际中，法兰密封失效很少是由于法兰或螺栓的强度破坏而引起，绝大多数是因密封不好而引起的介质泄漏。严格来说，法兰密封绝对不漏是不可能实现的。法兰密封设计的目标是使泄漏率保持在工业允许的很小范围内。

防止流体通过密封面泄漏的基本原理是在连接口处增加介质流动的阻力。当介质通过密封面的泄漏流动阻力降大于密封口两侧介质的压力差时，介质即实现了密封。这种阻力的增加依靠密封面上的密封比压来实现。将法兰与垫片接触面处的微观尺寸放大，可以看到法兰与垫片的接触表面均凸凹不平，如图 7-2 (a) 所示。拧紧螺栓后，螺栓力通过法兰压紧面作用在垫片上，当垫片单位面积上所受的压紧力达到某一值时，垫片本身被压实，压紧面上由机械加工形成的微隙被填满，为阻止介质泄漏形成了初始密封条件，如图 7-2 (b) 所示。定义形成初始密封条件时在垫片单位面积上受到的压紧力，称为预紧密封比压。

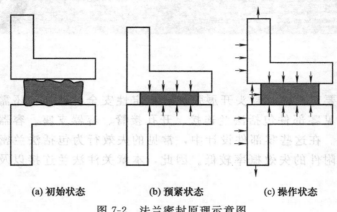

| (a) 初始状态 | (b) 预紧状态 | (c) 操作状态 |

图 7-2　法兰密封原理示意图

当施加介质压力时，如图 7-2 (c) 所示，法兰在介质压力引起的轴向力 p 作用下分离，螺栓伸长，垫片的压缩量减小，预紧密封比压下降。如果垫片具有足够的回弹能力，能使压缩变形的回复补偿螺栓和压紧面的变形，而使预紧密封比压至少降到不低于某数值（定义为工作密封比压），则法兰压紧面之间能够保持密封。反之，如果垫片的回弹力不足，预紧密封比压下降到工作密封比压以下，甚至密封口重新出现间隙，则密封失效。

显然，要实现法兰密封，需要满足：①法兰密封系统要有足够的刚度，以致在介质压力作用下，不会产生过大的分离量；②垫片要有足够的回弹能力，以致在法兰连接系统分离时，仍能在密封面上保持一定的残余压紧力。

7.1.2　法兰分类及结构

7.1.2.1　按法兰与垫片接触面积分类

按法兰与垫片的接触面积，可将法兰分为宽面法兰和窄面法兰两大类。窄面法兰是法兰与垫片的接触面积位于法兰上螺栓孔包围的圆周范围内，如图 7-3 (a) 所示。宽面法兰是法

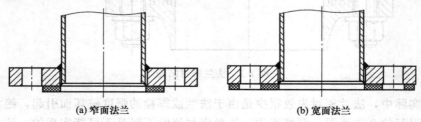

| (a) 窄面法兰 | (b) 宽面法兰 |

图 7-3　法兰分类

兰与垫片的接触面积位于法兰上螺栓中心圆的内外两侧，如图 7-3 (b) 所示。

7.1.2.2　按整体程度分类

按法兰与容器或管道的连接的整体性程度，分为三种型式：整体法兰、松式法兰和任意式法兰。

（1）整体法兰

法兰、法兰颈部及容器或接管三者能有效地连接成一整体结构的法兰叫做整体法兰。整体法兰在压力容器上使用最为广泛。常见的整体法兰型式有平焊法兰和带颈对焊法兰两种。

平焊法兰通过角焊缝与容器或接管焊接，结构如图 7-4 (a) 所示。这种法兰制造容易，应用广泛，但刚性差，承载时会产生很大的弯曲应力，故使用的压力范围低，一般用于低于 4MPa 场合。

带颈对焊法兰又称为高颈法兰，如图 7-4 (b) 所示。颈的存在提高了法兰的刚性，降低了弯曲应力。另外，法兰与容器或接管采用对接焊缝焊接，强度高。因此，带颈对焊法兰适用于压力、温度较高和设备直径较大的场合。

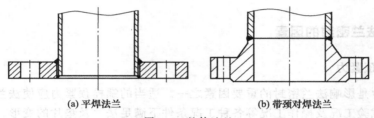

(a) 平焊法兰　　　　　　　　　　(b) 带颈对焊法兰

图 7-4　整体法兰

（2）松式法兰

法兰未能有效地与容器或接管连接成一整体，不具有整体式连接的同等结构强度。典型的松式法兰——活套法兰，如图 7-5 所示。活套法兰是利用翻边、钢环等把法兰套在管端上，法兰可以在管端上活动。钢环或翻边就是密封面，法兰的作用则是把它们压紧。由于被钢环或翻边挡住，因此活套法兰不与介质接触。活套法兰不需要焊接，因此可适用于铜制、铝制、陶瓷、石墨等材料制成的压力容器或管道。活套法兰一般只适用于压力较低的场合。

图 7-5　活套法兰

（3）任意式法兰

任意式法兰是整体性介于整体法兰和松式法兰之间，包括未焊透的焊接法兰，如图 7-6 所示。所以任意式法兰计算可以按整体式法兰计算，如果用于条件满足设计压力不大于 2MPa、设计温度不大于 370℃ 且 $\delta_d \leq 15\text{mm}$，$D_i/\delta_d \leq 300$，可以简化按活套法兰计算。

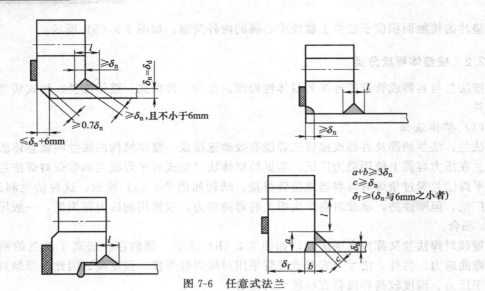

图 7-6　任意式法兰

7.1.3　影响法兰密封的因素

7.1.3.1　螺栓预紧力

螺栓预紧力是影响法兰密封的重要因素之一。适当的螺栓预紧力应使法兰连接系统在预紧工况、水压试验工况及操作工况等各种工况条件下满足法兰及垫片的变形、法兰强度和允许的泄漏率等各项要求。过小的螺栓预紧力可引起垫片的压缩不足，这通常是法兰接头泄漏的主要原因。过大的螺栓预紧力，一是可能造成垫片"压溃"、"失稳"或"散架"；二是引起法兰刚度不足，发生密封面翘曲，造成垫片压缩不均匀。这两种情况均会造成垫片上的压紧应力不足或过大，最终导致法兰接头泄漏失效。

7.1.3.2　法兰密封面

法兰密封面直接与垫片接触，既传递螺栓力使垫片变形，也是垫片变形的表面约束。因此，为了达到预期的密封效果，密封面的形状和表面粗糙度应与垫片相配。实践表明，密封面的平直度和密封面与法兰中心轴线的垂直度、同心度是保证垫片均匀压紧力的前提。减小密封面与垫片的接触面积，可以有效降低预紧力，但若减得过小，则易压坏垫片。显然，若密封面的形式、尺寸和表面质量与垫片配合不当，则将导致密封失效。

法兰密封面的形式，应根据工艺条件（压力、温度、介质等）、密封口径以及准备采用的垫片进行选择。压力容器和管道常用的法兰密封面有突面、凹凸面和榫槽面等形式（图7-7）。突面形密封面［图7-7（a）］结构简单、加工方便，常用于压力不高（≤2.5MPa）的场合。为了使垫片易于变形和不易挤出，突台面上常刻有2～4条同心的三角沟槽［图7-7（b）］。对突面形密封面表面粗糙度的要求不宜太高，与缠绕垫和柔性石墨垫配合使用时，不宜车沟槽，以免影响垫片的再次使用。

凹凸形压紧面是由一个凸面和一个凹面相配而成［图7-7（c）］，垫片放在凹面上。其特点是易于对中，能够防止垫片被挤出，压紧面较突面形窄，但比榫槽形要宽，故仍需较大的预紧力。凹凸形压紧面可用于较高压力（6.4MPa）场合。

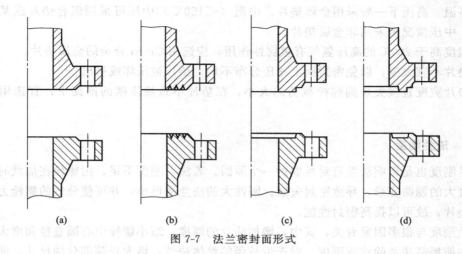

图 7-7 法兰密封面形式

榫槽形压紧面是由一个榫面和一个槽相配而成 [图 7-7 (d)]，垫片放在槽内。由于压紧面面积小，垫片又受槽的限制不能被挤出，故比上述两种压紧面更容易达到密封效果。此外，垫片可以少受介质的冲刷和腐蚀，安装时又便于对中而使垫片受力均匀，因此密封可靠。其缺点是更换垫片比较困难。为了保证榫槽配合，必须防止压紧面变形或翘曲。榫槽形压紧面可用于密封要求较严（例如易燃、易爆或有毒介质）和压力较高的重要场合。

7.1.3.3 垫片性能

选择合适的垫片是法兰密封设计的核心。垫片按材质可分为三种基本类型：非金属垫片（橡胶垫、石棉橡胶垫、聚四氟乙烯垫、石墨垫等）、金属垫片（软铝、铬钢、不锈钢等）、金属-非金属复合垫片（金属包覆垫片、金属缠绕垫片、带骨架非金属垫片等）。

非金属垫片和金属垫片结构简单。金属-非金属复合垫片是采用特殊工艺将金属、非金属复合在一起形成的垫片，兼具两种垫片的优点。例如，金属包覆垫片是在石棉或石棉橡胶垫外包以金属薄片（镀锌薄铁片或不锈钢片等），大大增加了非金属垫片的强度和耐热性能；缠绕垫片是用薄钢带（10 或 0Cr18Ni9Ti 等）与石棉交替缠绕而成，耐热性和弹性较好。带骨架的非金属垫片，是以冲孔金属薄板或金属丝为骨架的石棉或柔性石墨垫片，骨架可以增强非金属垫片的挤压强度，改善回弹能力和密封性能。

垫片材料及类型的选择依据是操作介质的特性、操作压力和温度、压紧面的形状等，同时要兼顾价格、制造和更换是否方便等因素。垫片的选择要重视使用经验，一般要注意以下几点：

• 垫片材料的耐用温度要高于操作温度，并耐介质腐蚀。

• 垫片材料不应对密封介质有任何污染。例如，对于像航空汽油等不允许石棉纤维混入的介质，就不能选用石棉橡胶垫；苯对耐油橡胶石棉垫中的丁腈橡胶有溶解作用，故苯介质不宜选用橡胶石棉垫。

• 非金属垫片简单易得，密封性良好，应用比较普遍。缠绕式垫片有多道密封作用，弹性好，可做成较大直径，价格比中压石棉橡胶垫略贵，故一般条件均可选用，温度、压力有较大波动时亦适用。

• 高温、高压下一般采用金属垫片，中温（＜450℃）中压可采用组合垫片或某些非金属垫片，中压情况多采用非金属垫片。

• 温度高于 200℃ 的高压氢气有氢腐蚀作用，应选用 Cr-Ni 合金的金属垫片。

• 垫片不宜太厚，以免密封面上比压分布不均，垫片被压坏或挤出。

• 垫片宽度直接关系到螺栓载荷的大小，在垫片不致被压溃的前提下，宜选用较窄的垫片。

7.1.3.4　法兰刚度

法兰刚度也是影响法兰密封性能的一个原因。若法兰刚度不足，则螺栓在加载时，法兰会产生过大的翘曲变形，导致密封失效。刚性大的法兰变形小，并可使分散的螺栓力均匀地传递给垫片，故可以提高密封性能。

法兰刚度与很多因素有关，其中，增加法兰的厚度，缩小螺栓中心圆直径和增大法兰盘外径，均能提高法兰的抗弯刚度。对于带长颈的整体法兰，增大长颈部分的尺寸，能显著提高法兰抗弯变形的能力。

7.1.3.5　操作条件

在多种操作条件因素中，温度对密封的影响最为显著。温度越高，介质黏性越低，渗透性越大，更容易泄漏；介质在高温下对垫片和法兰的溶解与腐蚀作用将加剧，增加了产生泄漏的因素；高温下法兰、螺栓、垫片可能发生蠕变，致使压紧面松弛，密封比压下降；一些非金属垫片，在高温下还将加速老化或变质，甚至被烧毁。此外，在高温作用下，由于密封组合件各部分的温度不同，发生热膨胀不均匀，增加了泄漏的可能性；如果温度和压力联合作用，又有反复的升降温、升降压，则密封垫片会发生"疲劳"，使密封完全失效。故在法兰、垫片、螺栓结构设计和选材过程中，必须考虑操作条件对密封的影响。

7.1.4　法兰标准及选用

在压力容器设计过程中，法兰的设计是依据工艺参数，按照标准中给定的标准化规格选择即可。法兰标准分为两大类：压力容器法兰标准和管法兰标准。

7.1.4.1　压力容器法兰标准

目前，国内现行的压力容器法兰标准为 NB/T 47020～47027—2012《压力容器法兰、垫片、紧固件》。压力容器法兰分为平焊法兰、对焊法兰两种。平焊法兰分为甲型、乙型两种类型。乙型平焊法兰有一个厚度不低于 16mm 的圆筒形短节；甲型平焊法兰的焊缝开 V 形坡口，乙型平焊法兰的焊缝开 U 形坡口。故乙型平焊法兰的刚度和强度均优于甲型。一般甲型平焊法兰应用于压力不超过 1.6MPa、温度在 −20～300℃ 范围的场合；乙型平焊法兰用于压力不超过 4.0MPa、温度在 −20～350℃ 的场合。

相比平焊法兰，对焊法兰具有厚度更大的颈，如图 7-8 所示，进一步增大了法兰的刚度，适用于压力更高（可达 6.4MPa）、温度在 −70～450℃ 的场合。

在使用法兰标准确定法兰尺寸时，必须知道法兰公称直径和公称压力。压力容器法兰的公称直径必须与压力容器的公称直径取同一系列数值。例如，DN1000 的压力容器，应配用 DN1000 的压力容器法兰。表 7-1 给出了压力容器法兰分类和规格范围。

表 7-1 压力容器法兰分类和规格范围

类型	平焊法兰										对焊法兰					
	甲型				乙型						长颈					
标准号	NB/T 47021—2012				NB/T 47022—2012						NB/T 47023—2012					
公称直径 DN/mm	公称压力 PN/MPa															
	0.25	0.6	1.00	1.60	0.25	0.60	1.00	1.60	2.50	4.00	0.60	1.00	1.60	2.50	4.00	6.40
300																
350																
400																
450																
500																
550																
600																
650																
700																
800																
900																
1000																
1100																
1200																
1300																
1400																
1500																
1600																
1700																
1800																
1900																
2000																
2200																
2400																
2600																
2800																
3000																

（甲型：按 PN=1.00；乙型：按 PN=0.6）

选用压力容器法兰时，配套的垫片、螺栓、螺母以及不同类型法兰的适用材料及最大允许工作压力参见 NB/T 47020～47027—2012 标准。

7.1.4.2 管法兰标准

管法兰是压力容器和设备与管道联结的标准件，使用场合非常广泛。管法兰标准涉及的内容相当广泛，除了管法兰本身外，还与钢管系列（外径、厚度）、公称压力等级、垫片材料及尺寸、紧固件、螺纹等密切相关。

国际上管法兰标准主要有两个体系，即欧洲体系（以德国 DIN 标准为代表）和美洲体系（以美国 ASME B16.5、B16.47 标准为代表）。这两个体系间管法兰不可配用。由于历史原因，我国管法兰标准较多，但目前应用最为广泛的标准是 HG 20592～20635—2009《钢制管法兰》标准体系。该体系同时包括欧洲体系和美洲体系标准，是一个内容完整、体系清晰，适合国情，并与国际接轨的标准。

① 该标准适用的公称压力等级有 $PN2.5$、$PN6$、$PN10$、$PN16$、$PN25$、$PN40$、$PN63$、$PN100$、$PN160$ 九个等级。

② 与管法兰配套的钢管公称尺寸及外径见表 7-2。其中，钢管有 A、B 两个系列。A 系列为国际通用系列（俗称英制管），B 系列为国内沿用系列（俗称公制管）。

表 7-2　钢管公称尺寸和外径　　　　　　　　　　单位：mm

公称尺寸 DN		10	15	20	25	32	40	50	65	80	100
外径	A	17.2	21.3	26.9	33.7	42.4	48.3	60.3	76.1	88.9	114.3
	B	14	18	25	32	38	45	57	76	89	108
公称尺寸 DN		125	150	200	250	300	350	400	450	500	600
外径	A	139.7	168.3	219.1	273	323.9	355.6	406.4	457	508	610
	B	133	159	219	273	325	377	426	480	530	630
公称尺寸 DN		700	800	900	1000	1200	1400	1600	1800	2000	
外径	A	711	813	914	1016	1219	1422	1626	1829	2032	
	B	720	820	920	1020	1220	1420	1620	1820	2020	

③ HG 20592—2009 规定的管法兰类型及类型代号分别见图 7-8。

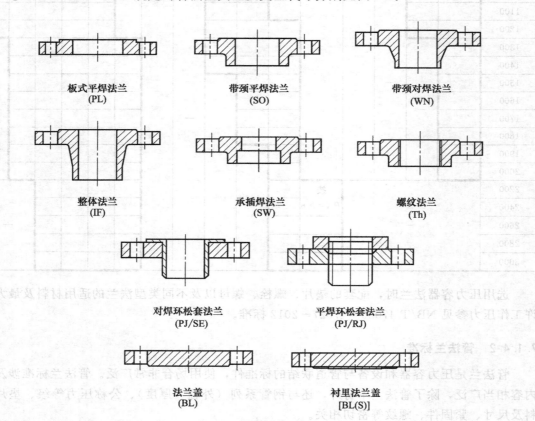

板式平焊法兰
(PL)

带颈平焊法兰
(SO)

带颈对焊法兰
(WN)

整体法兰
(IF)

承插焊法兰
(SW)

螺纹法兰
(Th)

对焊环松套法兰
(PJ/SE)

平焊环松套法兰
(PJ/RJ)

法兰盖
(BL)

衬里法兰盖
[BL(S)]

图 7-8　管法兰类型

④ 管法兰密封面类型及代号见图 7-9。各类型法兰的密封面形式适用范围见表 7-3。

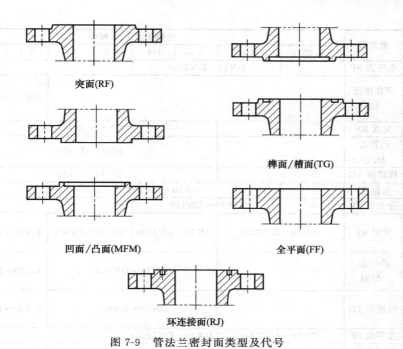

突面(RF)

榫面/槽面(TG)

凹面/凸面(MFM)

全平面(FF)

环连接面(RJ)

图 7-9 管法兰密封面类型及代号

表 7-3 法兰密封面类型 单位：mm

法兰类型	密封面	公称压力 PN/MPa								
		0.25	0.6	1.0	1.6	2.5	4.0	6.3	10.0	16.0
板式平焊法兰(PL)	突面 RF	DN10~DN2000	DN10~DN600					—		
	全平面 FF	DN10~DN2000	DN10~DN600							
带颈平焊法兰(SO)	突面 RF	—	DN10~DN300	DN10~DN600						
	凸凹面 MFM	—		DN10~DN600						
	榫槽面 TG	—		DN10~DN600						
	全平面 FF	—	DN10~DN300	DN10~DN600						
带颈对焊法兰(WN)	突面 RF		—	DN10~DN2000		DN10~DN600		DN10~DN400	DN10~DN350	DN10~DN300
	凸凹面 MFM		—		DN10~DN600			DN10~DN400	DN10~DN350	DN10~DN300
	榫槽面 TG		—		DN10~DN600			DN10~DN400	DN10~DN350	DN10~DN300
	全平面 FF		—	DN10~DN2000						
	环连接面 RJ							DN15~DN400		DN15~DN300
整体法兰(IF)	突面 RF	—	DN10~DN2000		DN10~DN1200	DN10~DN600		DN10~DN400		DN10~DN300
	凸凹面 MFM			DN10~DN600				DN10~DN400		DN10~DN300
	榫槽面 TG	—		DN10~DN600				DN10~DN400		DN10~DN300

续表

法兰类型	密封面	公称压力 PN/MPa								
		0.25	0.6	1.0	1.6	2.5	4.0	6.3	10.0	16.0
整体法兰(IF)	全平面FF	—	DN10~DN2000							
	环连接面RJ	—						DN15~DN400	DN15~DN300	
承插焊法兰(SW)	突面RF	—				DN10~DN50		—		
	凸凹面MFM	—				DN10~DN50		—		
	榫槽面TG	—				DN10~DN50				
螺纹法兰(Th)	突面RF	—		DN10~DN150			—			
	全平面FF	—	DN10~DN150			—				
法兰盖(BL)	突面RF	DN10~DN2000		DN10~DN1200		DN10~DN600		DN10~DN400	DN10~DN300	
	凸凹面MFM					DN10~DN600		DN10~DN400	DN10~DN300	
	榫槽面TG					DN10~DN600		DN10~DN400	DN10~DN300	
	全平面FF	DN10~DN2000		DN10~DN1200		—				
	环连接面RJ							DN10~DN400	DN15~DN300	

7.1.5 螺栓载荷的施加方式

法兰连接系统要在操作工况下具有良好的密封效果，则必须保证预紧时具有充足的垫片密封压力并且垫片应力分布均匀。垫片应力主要通过施加螺栓预紧力得到。由于静密封是一个由法兰、螺栓、垫片等部件组成的非线性静不定系统，其力的转化过程如下：

① 通过手工或加载工具将扭矩载荷施加至螺母；

② 螺母受到扭矩载荷后产生转角，通过螺纹转化为螺栓的变形；

③ 螺栓变形产生载荷，在螺栓-法兰-螺母系统中达到整体平衡状态，形成预紧力；

④ 螺栓预紧过程中，垫片被压紧，产生垫片应力，实现密封。

在以上过程中，均匀一致且足够的螺栓载荷是达到长期可靠性密封的一个重要因素。为了能够获得必要的垫片应力，必须使螺栓具有准确的预紧载荷。但是对螺栓法兰这样一个系统，在实际预紧施工阶段施加给螺栓的载荷不可能均匀、完全转化为螺栓载荷，也不可能完全转化为垫片应力；施工载荷和螺栓预紧载荷的转化关系受到诸多因素的影响。分析发现，主要包括：预紧方法、预紧工具、操作人员控制精确性、螺纹副摩擦条件、法兰上表面摩擦条件、法兰刚度、操作条件（温度、压力等）、螺栓蠕变、垫片蠕变松弛等。

因此，实际预紧施工中要做到均匀一致的足够的螺栓载荷非常困难，以上众多的因素影响着螺栓预紧力，以致施工后预紧力相当分散。表 7-4 为不同拧紧工具下螺栓载荷的分散性。由表 7-4 可知，即使采用加载工具，螺栓预紧载荷分散性也非常高，这是因为，拧紧力矩在向预紧力转化时，由于螺母与螺纹、支承面之间的摩擦系数不同，故最终转化到螺栓的载荷不同。在这种分散下，垫片无法受到均匀压应力，会导致无法实现密封。目前研究发现，由于弹性交互作用造成的螺栓载荷离散程度会超过摩擦的影响。

表 7-4　螺栓载荷在各种加载工具或方法下的分散性

加载工具或方法	预紧载荷的分散性/%
人工控制扭矩扳手	±30
气动扭矩扳手	±35
棘轮式扭矩扳手	±60~80
控制螺母转角	±15
应变仪螺栓	±1
液压拉伸器	±20
千分表控制螺栓伸长	±3~15
超声波控制螺栓伸长	±1~10
凭操作者感觉	±35

螺栓-法兰连接系统中，螺栓通过产生一定伸长量将足够的预紧载荷施加在法兰上。当不能同时对所有螺栓施加预紧载荷时，后续加载螺栓夹紧法兰同时会改变已加载螺栓的伸长量，造成其载荷变化，这就是"弹性交互作用"。其作用过程可以通过图 7-10 说明。

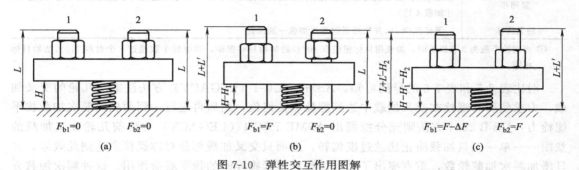

图 7-10　弹性交互作用图解

图 7-10 （a）为初始状态，1、2 两螺栓初始载荷 F_{b1}、F_{b2} 为 0，螺栓长度都为 L，假设梁的刚度足够且不计质量，此时弹簧不承受载荷，保持原长 H。在图 7-10 （b）中，螺栓 1 被加载，F_{b1} 增加至 F，同时螺栓伸长至 $L+L'$；此时梁受到螺栓 1 给予的压力载荷，压缩弹簧将其压缩 H_1，梁下降至 $H-H_1$ 处；在螺栓 1 的加载过程中螺栓 2 的载荷和长度始终保持初始值 $F_{b2}=0$。在图 7-10 （c）中螺栓 2 被加载，F_{b2} 也增加至 F，同时螺栓伸长至 $L+L'$ 处；此时梁再次承受来自于螺栓 2 的压力载荷，弹簧继续被压缩了 H_2，梁也下降至 $H-H_1-H_2$ 处；由于螺栓 2 的加载使得梁再次下降 H_2，螺栓 1 的伸长量随之减小了 H_2，相应的 F_{b1} 减小了 ΔF。在以上过程中先加载的螺栓 1 由于螺栓 2 的后续加载造成载荷发生变化，认为螺栓 1 受到了来自螺栓 2 的弹性交互作用。

为了抵消加载过程中的弹性交互作用，ASME PCC-1、JIS B 2251：2008 标准均给出了推荐的螺栓加载方式。

ASME PCC-1（《压力边界螺栓法兰接头装配指南》）为美国国家标准，极为详细地规定了法兰接头在预紧时的一系列方法及注意事项。JIS B 2251：2008 （《压力边界法兰接头螺栓预紧指南》）为日本国家工业标准，提出了一种更为高效实用的螺栓加载方法，而这种方法后来也被 ASME PCC-1 的 2010 版本收录，成为其标准内容的一部分。这两种方法的一个共同特点就是在预紧螺栓时不用精确计算螺栓间弹性交互作用系数矩阵，不用预先计算每轮加载中每根螺栓的预紧值，但实际上二者给出的预紧方案中却是考虑了螺栓间弹性交互作用影响的。表 7-5、表 7-6 简要列出了 ASME PCC-1 中 LEGACY 和 JIS B 2251：2008 螺栓加载方法。

压力容器安全技术

表 7-5　ASME PCC-1—2010（LEGACY）加载方法

操作步骤	加 载 方 法
安装步	手动拧紧各螺母，然后采用交叉顺序拧紧到 20％以内的目标扭矩
第一轮	交叉拧紧各螺母到 20％～30％的目标扭矩
第二轮	交叉拧紧各螺母到 50％～70％的目标扭矩
第三轮	交叉拧紧各螺母到 100％的目标扭矩
第四轮	采用顺次加载方式，以上一轮的目标扭矩值拧紧螺母到其不再发生旋转
第五轮	等待至少 4h，重复第四轮

表 7-6　JIS B 2251 螺栓加载方法

操作步骤	加 载 方 法
安装步	首先手工拧紧各螺母，然后以逐渐增大扭矩的方法交叉加载法兰上等间距的 4 根或 8 根螺栓，使载荷逐渐达到 100％的加载用目标扭矩[①]
紧固步	以 100％的加载用目标扭矩顺次加载所有螺栓（对于 10 英寸或更大尺寸法兰加载 6 轮，其他尺寸加载 4 轮）
后紧固步	等待至少 4h，并按照紧固步再加载一到两轮

① 当螺栓个数为 8 或以下时，加载用目标扭矩取 100％的初始目标扭矩，当螺栓个数超过 8 个时取 110％初始目标扭矩。

对比表 7-5 和表 7-6 的异同可知，ASME PCC-1（LEGACY）方法注重前几轮的交叉加载，力求使所有螺栓在交叉加载中达到螺栓载荷终值，然后再进行一到两轮的顺次加载找平螺栓力；JIS B 2251 方法则充分挖掘出 ASME PCC-1（LEGACY）方法前几轮交叉加载的意图——单一工具加载防止法兰过度偏转，进而只交叉加载部分对称螺栓来达到此效果，并且增加顺次加载轮数，重点突出了顺次加载在预紧螺栓时的找平载荷作用。这种顺次加载方式的应用实际上都是考虑了螺栓间弹性交互作用的影响，因为顺次加载能有效降低交叉加载造成的螺栓载荷不均匀。

7.2　压力容器开孔与开孔补强

7.2.1　容器开孔应力

当在壳体的局部开孔时，壳体厚度存在突变导致结构的不连续，会在开孔区域产生局部应力。局部应力的作用范围小，但是应力数值很大，可达到远离局部区域的壳体基本应力的数倍。这种局部的应力增长现象称为应力集中。应力集中区域的最大应力值，称为"应力峰值"，通常用 σ_{max} 表示。

局部应力的相对大小，常用应力集中系数 α（应力集中处最大应力与远离应力集中区域的基本应力之比）表示，它反映局部区域内应力集中的程度。

7.2.2　开孔补强结构及形式

由于工艺和操作要求，压力容器壳体要开孔并焊有不同功能的接管。开孔接管部位的应力集中，会削弱容器壳体的局部强度。开孔补强的目的是采取局部加强措施，使开孔导致的强度削弱得到适当补偿。

压力容器开孔补强计算方法包括等面积法和分析法。

等面积法适用于压力作用于壳体和平封头上的圆形、椭圆形或长圆形开孔，在壳体上开椭圆形或长圆形开孔时，孔的长径与短径之比应不大于 2.0。等面积法适用范围：

① 当圆筒内径 $D_i \leqslant 1500mm$ 时，开孔最大直径 $d_{op} \leqslant D_i/2$，且 $d_{op} \leqslant 520mm$；当圆筒内径 $D_i > 1500mm$ 时，开孔最大直径 $d_{op} \leqslant D_i/3$，且 $d_{op} \leqslant 1000mm$；

② 凸形封头或球壳上开孔最大允许直径 $d_{op} \leqslant D_i/2$；

③ 锥形封头开孔的最大直径 $d_{op} \leqslant D_i/3$，D_i 为开孔中心处的锥壳内直径。

分析法是根据弹性薄壳理论得到的应力分析法，用于内压作用下具有径向接管圆筒的开孔补强设计，其适用范围：$d \leqslant 0.9D$ 且 $\max[0.5, d/D] \leqslant \delta_{et}/\delta_e \leqslant 2$。

由于压力容器具有一定的强度裕量，因此并不是压力容器上所有开孔都需要补强。GB/T 150.3—2011《压力容器》规定，当在设计压力不大于 2.5MPa 的容器壳体上开孔，如果两相邻开孔中心的间距（对曲面间距按弧长计算）应不小于该两孔直径之和的 2.5 倍，且接管外径不大于 89mm 时，只要接管最小壁厚（腐蚀裕量为 1mm）满足表 7-7 要求，开孔未位于 A、B 类焊接接头上，钢材的标准抗拉强度下限值 $R_m \geqslant 540MPa$ 时，接管与壳体的连接采用全焊透的结构型式，壳体开孔满足全部要求，可不另行补强。

表 7-7　不另行补强的接管最小壁厚

接管外径/mm	25	32	38	45	48	57	65	76	89
最小壁厚/mm		3.5			4.0		5.0		6.0

常见的补强结构有厚壁接管补强、整锻件补强和补强圈补强三种形式，见图 7-11。其中，补强圈补强形式应用最为广泛。

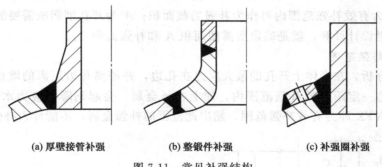

(a) 厚壁接管补强　　　(b) 整锻件补强　　　(c) 补强圈补强

图 7-11　常见补强结构

补强圈补强是将补强圈贴焊在壳体与接管的连接处。由于补强圈与容器壳体不能完全贴合，传热效果差，若在中温以上使用时，二者存在较大的热膨胀差，因而使补强区域产生较大的热应力。另外，补强圈与壳体采用搭接焊，难以与壳体形成整体，故抗疲劳性能差。但其结构简单，制造方便，故广泛使用在静载、常温、中低压、材料的标准抗拉强度低于 540MPa、补强圈厚度不大于 $1.5\delta_n$、壳体名义厚度 δ_n 不大于 38mm 的场合。

补强圈补强的常见形式有平齐式外补强、平齐式内补强、内伸式外补强和内伸式内外补强等，如图 7-12 所示。最常用的结构形式是平齐式外补强，只有在单面贴板补强达不到设计要求时，才采用双面贴板结构。内伸式有利于降低应力集中系数，但占用一定容器内空间，当与容器内件相碰时，则不宜采用。

7.2.3　等面积补强设计准则

等面积补强方法是世界各国沿用较久的一种方法，其设计计算较为复杂，且偏于保守。

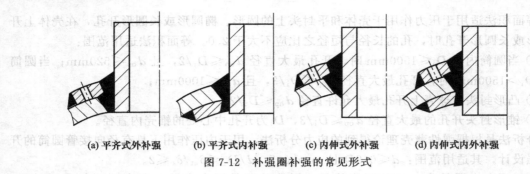

(a) 平齐式外补强　　(b) 平齐式内补强　　(c) 内伸式外补强　　(d) 内伸式内外补强

图 7-12　补强圈补强的常见形式

等面积补强准则的优点是有长期的使用经验，简单易行。只要对其开孔尺寸和形状予以一定限制，在一般压力容器使用条件下能够保证安全，因此至今被压力容器常规设计规范普遍采用。

等面积补强设计准则认为，容器壳体由于开孔减少的有效承载截面积（指设计计算应力所在的截面，以强度计算壁厚计），应由在有效补强范围内具有补强效果的"多余"金属（除为承受设计压力本身所需外）进行等面积补偿。这种补强准则，着眼于开孔后的承载面积不致减少，具有使开孔后截面的平均应力不致升高的含义，但没有考虑开孔处应力集中的影响，也没有计入容器直径变化的影响，补强后对不同接管会得到不同的应力集中系数，即安全裕量不同，有时显得富裕，有时显得不足。

根据上述准则，等面积补强设计式为：

$$A_e \geqslant A \tag{7-1}$$

式中，A_e 为有效补强范围内可作为补强的截面积；A 为开孔削弱所需要的补强截面积。等面积补强设计计算，就是确定所需截面积 A 和补强面积 A_e。

（1）有效补强范围

根据应力分析，在壳体上开孔的最大应力在孔边，并随离孔边距离的增加而迅速衰减。因此，在离孔边一定距离的补强范围内，加上补强金属，会起到降低应力水平的效果。图 7-13 给出的 $WXYZ$ 即为有效补强范围，超出此范围的补强金属，不能计入补强截面积。

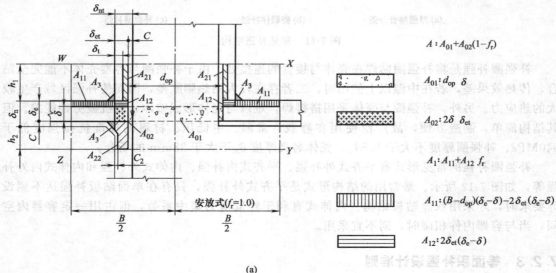

(a)

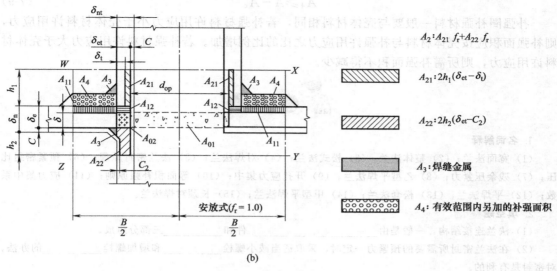

图 7-13 有效补强范围示意图

有效补强宽度 B 按下式计算：

$$B = \max\{2d_{op}, d_{op} + 2\delta_n + 2\delta_{nt}\} \qquad (7\text{-}2)$$

式中，d_{op} 为开孔直径，圆形开孔等于接管内径与 2 倍厚度附加量之和，椭圆孔或长圆形孔取所考虑平面上的尺寸（弦长，包括厚度附加量）；δ_n 为壳体开孔处的名义壁厚；δ_{nt} 为接管名义壁厚。

外伸接管有效补强高度按下式计算：

$$h_1 = \min\{\sqrt{d_{op}\delta_{nt}}, \text{接管实际外伸高度}\} \qquad (7\text{-}3)$$

开孔内侧有效高度 h_2 按下式计算：

$$h_2 = \min\{\sqrt{d_{op}\delta_{nt}}, \text{接管实际内伸高度}\} \qquad (7\text{-}4)$$

（2）因开孔削弱所需的补强面积 A

对受内压的圆筒或球壳，因开孔削弱所需的补强面积 A 由下式确定：

$$A = d_{op}\delta + 2\delta\delta_{et}(1 - f_r) \qquad (7\text{-}5)$$

式中，δ 为壳体开孔处的强度计算壁厚；δ_{et} 为接管的有效壁厚；f_r 为强度削弱系数，等于设计温度下接管材料与壳体材料许用应力之比，当该比值大于 1 时，取 1。

（3）补强面积 A_e

在有效补强范围 $WXYZ$ 内，可作为补强的截面积 A_e 由下式确定：

$$A_e = A_1 + A_2 + A_3 \qquad (7\text{-}6)$$

式中，A_1 为壳体有效厚度减去计算厚度之外的多余面积，mm^2；

$$A_1 = (B - d_{op})(\delta_e - \delta) - 2\delta_{et}(\delta_e - \delta)(1 - f_r) \qquad (7\text{-}7)$$

A_2 为接管有效厚度减去计算厚度之外的多余截面积，mm^2；

$$A_2 = 2h_1(\delta_{et} - \delta_t)f_r + 2h_2(\delta_{et} - C_2)f_r \qquad (7\text{-}8)$$

δ_t 为接管的计算厚度；C_2 为腐蚀裕量；A_3 为有效补强范围内焊缝金属的截面积。

（4）是否补强判定

若 $A_e \geqslant A$，则开孔后不需要另行补强。

若 $A_e < A$，则开孔后需要另外补强，所增加的补强金属截面积 A_4 应满足：

$$A_4 \geqslant A - A_e \tag{7-9}$$

补强圈补强材料一般要与壳体材料相同，若补强材料许用应力小于壳体材料许用应力，则补强面积应按壳体材料与补强许用应力之比的比例增加。若补强材料许用应力大于壳体材料许用应力，则所需补强面积不得减少。

 习 题

1. 名词解释

(1) 宽面法兰；(2) 整体法兰；(3) 松式法兰；(4) 对焊法兰；(5) 法兰密封原理；(6) 预紧密封比压；(7) 残余压紧力；(8) 乙型平焊法兰；(9) 开孔应力集中；(10) 等面积补强原则；(11) 应力集中系数；(12) 平焊法兰；(13) 松套法兰；(14) 甲型平焊法兰；(15) 长颈对焊法兰。

2. 填空题

(1) 法兰连接结构，一般是由_____、_____件和_____三部分组成。

(2) 在法兰密封所需要的预紧力一定时，采取适当减小螺栓_____和增加螺栓_____的办法，对密封是有利的。

(3) 提高法兰刚度的有效途径是_____、_____、_____。

(4) 制定法兰标准尺寸系列时，是以_____材料，在_____℃时的力学性能为基础的。

(5) 法兰公称压力的确定与法兰的最大_____、_____和_____三个因素有关。

(6) 采用补强板对开孔进行等面积补强时，其补强范围是：有效补强宽度是_____；外侧有效补强高度是_____；内侧有效补强高度是_____。根据等面积补强原则，必须使开孔削弱的截面积 A _____。

(7) 采用等面积补强时，当筒体径 $D_i \leqslant 1500$mm 时，须使开孔最大直径 $d \leqslant$ _____ D_i，且不得超过_____ mm。当筒体直径 $D_i > 1500$mm 时，须使开孔最大直径 $d \leqslant$ _____ D_i，且不得超过_____。

3. 判断题

(1) 法兰密封中，法兰的刚度与强度具有同等重要的意义。　　　　　　　　　（　　）

(2) 在法兰设计中，如欲减薄法兰的厚度 t，则应加大法兰盘外径 D_o，加大法兰长径部分尺寸和加大臂长度。　　　　　　　　　　　　　　　　　　　　　　　　　　　　　（　　）

(3) 金属垫片材料一般并不要求强度高，为要求其软韧，金属垫片主要用于中高温和中高压的法兰连接密封。　　　　　　　　　　　　　　　　　　　　　　　　　　　　　（　　）

(4) 法兰连接中，预紧密封比压大，则工作时可有较大的工作密封比压，有利于保证密封。所以预密封比压越大越好。　　　　　　　　　　　　　　　　　　　　　　　　　　　（　　）

4. 工程应用题

(1) 选择设备法兰密封面型式及垫片

介质	公称压力 PN /MPa	介质温度 /℃	适宜密封面型式	垫片名称及材料
丙烷	1.0	150	平形	耐油橡胶石棉垫/耐油橡胶石棉板
蒸汽	1.6	200	平形	石棉橡胶垫/中压石棉橡胶板
液氨	2.5	≤50	凹凸或榫槽	石棉橡胶垫圈/中压石棉橡胶板
氢气	4.0	200	凹凸	缠绕式垫圈/08(15)钢带-石棉带

(2) 试为一精馏塔配塔节与封头的连接法兰及出料口接管法兰。已知条件为：塔体内径 800mm，接管公称直径 100mm，操作温度 300℃，操作压力 0.25MPa，材质 Q345R。绘出法兰结构图并注明尺寸。

(3) 试为一不锈钢（0CrNi9Ti）制的压力容器配置一对法兰，最大工作压力为 1.6MPa，工作温度为 150℃，容器内径为 1200mm。确定法兰型式、结构尺寸，绘出零件图。

(4) 有一 $\phi89\times6$ 的接管，焊接于内径为 1400mm，壁厚为 16mm 的筒体上，接管材质为 10 号无缝钢管，筒体材料 Q345R，容器的设计压力 1.8MPa，设计温度为 250℃，腐蚀裕量 2mm，开孔未与筒体焊缝相交，接管周围 20mm 内无其他接管，试确定此开孔是否需要补强？如需要，其补强圈的厚度应为多少？画出补强结构图。

(5) 有一容器，内径 $D_i=3500$mm，工作压力为 $p_w=3$MPa，工作温度为 140℃，厚度 $t_n=40$mm，在此容器开一个 $\phi450$ 的人孔，试选配人孔法兰，并进行开孔补强设计。容器材质为 Q345R。

(6) 公称直径为 300mm，公称压力为 10.0MPa，槽面钢制法兰，材料为 16Mn，钢管厚度为 10mm，试写出该管法兰的标记。

(7) 为一压力容器选配器身与封头的连接法兰。已知容器内径为 1600mm，厚度为 12mm，材质为 Q345R，最大工作压力为 1.6MPa，操作温度≤200℃，绘出法兰结构图并标明尺寸。

(8) 某厂用以分离甲烷、乙烯、乙烷等的甲烷塔，塔顶温度为 -100℃，塔底温度为 15℃，最高工作压力为 3.53MPa，塔体内径为 300mm，塔高 20m，由于温度不同，塔体用不锈钢（0Cr18Ni9Ti）和 Q345R 分两段制成，中间用法兰连接，试确定法兰型式、材质及尺寸（连接处温度 -20℃）。

（4）有一 $\phi85\times6$ 的筒体，筒壁受... 力为 $1400mm$，置换为 $16mm$ 的筒体上，其安... 算为 10 个长螺栓 管，简体材料 $Q345R$，容器的... 计压力 $1.5MPa$，分度圆直径为 250... 环焊缝结构 $2mm$，... 孔边缘距离 $20mm$ 的... 以最小... 圆周上开孔不少于 8... 如何自上... 高估计...

（5）$[D] = 3800mm$ 的反应釜 $p = ...MPa$，介质温度 $\le 110°$，... $= 10m/s$，在...

（6）公称压力为 $...MPa$，简体厚度为... 材料为 $16Mn$，... 量度为 $12mm$...

（7）... 为 $12mm$，材料为 $Q345R$，...

（8）某门用分度单位压力，$\times 2s$，$Z \& x$ 为的单体... 测定温度为 $-100°$，工作温度单位为 $15°$，... $3.5MPa$，... 为 $750mm$，... 为 $20m$，由于高度单元图，... CO_2 $CENPJT$ 和 $SPJSR$ ...动固... 中间理由关注... 介质单元应用... 工业规范度 $-20°$...

<h1>8 压力容器超压泄放技术</h1>

压力容器普遍具有超压风险。超压是物料或能量在容器内的异常累积造成的。一旦超压幅度超过压力容器的爆破或失稳压力，将导致压力容器发生强度破坏或失稳，甚至酿成重大恶性事故。鉴于此，TSG 21—2016《固容规》规定："本规程适用范围内的压力容器，应当根据设计要求装设超压泄放装置"。本章介绍压力容器的超压泄放技术及应用。

8.1 超压分类

依据引起物料或能量累积的途径可将超压分为物理超压和化学超压两大类。

8.1.1 物理超压

在物理超压过程中，介质的化学性质不变，仅仅由于外部原因导致系统内介质的压力等状态参数发生较大变化，并释放出能量对容器做功而引起破坏。

引起物理超压的原因较多，较为典型的原因有以下几种：

（1）容器内物料突然积聚引起超压

某些中间环节的储存容器，如压缩机缓冲罐、锅炉汽包、气液分离罐等，若出口管线受阻（如出口阀被误关闭）或异常过量充装（如充装至额定压力而入口阀未正常关闭）等，均可因物料在容器内的积聚引起超压。对于处在高压设备下游的低压容器，若减压阀失效，也会使低压容器超压。

（2）物料受热膨胀引起超压

当设备内的液体或气体物料受到意外的热输入时（如处于火灾工况），由于其体积膨胀会使压力容器超压。

（3）过热液体沸腾引起的超压

过热液体不稳定，若压力突然降低，则容易破坏过热状态产生沸腾现象，产生的大量蒸汽使容器内的压力急剧上升。这种现象称为沸腾液体扩展蒸汽爆炸（BLEVE）。存在两种情况：

① 饱和液体突然受热后处于过饱和状态引起 BLEVE。水蒸气爆炸是这类爆炸最常见的形式。例如炼钢厂的熔融铁或高温炉渣、熔融铝、碳化钙制造厂的熔融碳化钙、造纸厂回收熔融盐等，与水接触就可引起水蒸气爆炸。

② 饱和液体与饱和蒸汽的平衡被突然破坏引起 BLEVE。例如锅炉汽包因某原因突然降

至常压，汽包内饱和液体失去原有平衡变为不稳定的过热状态。

（4）瞬时压力脉动引起的超压

管道中瞬时压力脉动一般有两种情况：水锤作用和气锤作用。

① 水锤作用：在充满液体的系统中，由于控制阀门迅速关闭，可能会在系统中引起冲击波，这种现象通常称为水锤作用。发生水锤时，系统中的压力可以在极短的时间内剧增至原压力的数倍。

② 气锤作用：对于可压缩流体，如果系统中的控制阀迅速关闭，也可能形成冲击波，这种现象通常称为气锤作用，其危害与水锤作用类似。

（5）饱和液化气体受热蒸发引起的超压

储存液化气体的储罐，受到外部热输入时，会因液化气体蒸发而发生超压，对于高压液化气体，受热后有可能全部汽化。低压液化气受热后可能由于液相的体积膨胀而充满容器。

常温液化气体容器由于介质意外受热导致温度和压力的显著增大，一般有以下两种情况：

① 因操作失误或自动调节装置失灵使容器内的液化气体受热。某些液化气体储罐为了工艺上的需要，设置自动调节装置使罐内液化气体的蒸汽压力始终保持稳定。当罐内压力低时，罐上的加热器自动开启，使液化气体温度升高，压力恢复到所需的范围；当罐内压力高时，罐上的冷却装置自动开启，使液化气体压力和温度下降。如果加热器或冷却装置由于操作失误或其他原因而失灵，液化气体温度就可能升高并导致储罐内压力超压。

② 储罐周围火灾使液化气体受热。在液化气体储罐中，有很多是可燃介质，如液化天然气、液化石油气等。如果储罐的进出口管道发生泄漏，或用于运输液化气体的槽、罐车因碰撞或脱轨事故而造成管件开裂，则喷漏出的可燃气体有可能被点燃而在储罐周围着火。在火焰的烘烤下，储罐内液体升温蒸发，压力增大，而且储罐上部气相部分的壳体金属也会在高温下因强度降低而促使容器开裂并造成灾害性事故。

8.1.2 化学超压

在化学超压过程中，物料或能量的增加是由化学反应引起。与物理超压不同，化学超压具有反应速率快、反应过程放热、生成大量气体产物三个特征。反应的放热性保证了在较小能量激发后能持续为反应提供所需的能量。反应的快速性导致能量密度大，释放时具有强大的破坏力。反应中生成的大量气体受容器体积的限制被压缩，生成的热量加热气体，使气体成为高温高压工质，瞬间气体膨胀做功，对容器、周围物体等造成巨大的破坏力。典型的化学超压有以下三种：

（1）可燃气体（蒸汽）的爆炸超压

在化学、化工、石油化工等行业所处理的物料往往是易燃易爆的气体或蒸气，一旦与氧气（或空气）混合后的浓度达到一定范围时，遇点火源就会发生爆炸。容器内发生爆炸后，可在极短的时间内使容器内压力剧增至初始压力的 8～10 倍甚至更高，造成压力容器超压破坏。

（2）可燃粉尘的爆炸超压

具有一定分散度的固体粉末，当其悬浮在空气中的浓度达到一定范围时，遇到点火源可能会发生爆炸。图 8-1 为 $75\mu m$ 石松子粉尘在 20L 球形容器内的爆炸曲线，其爆炸超压可达初始压力的 6～7 倍。

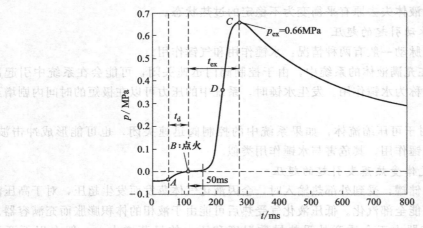

图 8-1 石松子粉尘爆炸超压随时间变化 ($c=750\text{g}/\text{m}^3$)

（3）放热化学反应失控引起的超压

很多化工反应为放热反应，进行这些反应的容器一般均装设搅拌装置以及冷却装置，以

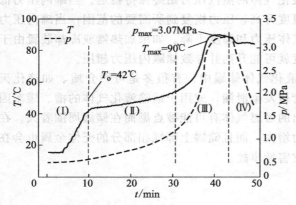

图 8-2 10%双氧水分解反应失控
过程温度和压力曲线（VSP2 装置）

排出反应热，防止容器内压力及温度的过分升高，使反应平稳进行。但是，若出现冷却不足工况（如冷却装置失效、处于火灾工况等），反应热在容器内部积聚，物料温度的逐渐升高导致反应速率的逐渐加快，随后引发进一步的反应热的累积和温度的上升，在不断历经"反应放热-温度升高-反应加速-反应加速放热"的循环过程之后，导致釜内反应放热能力超过了其冷却能力的极限，反应物及产物分解，压力骤升，生成大量的蒸汽和气体，导致反应容器超压破坏，发生喷料、爆炸等现象。如图 8-2 所示为基于 VSP2 装置测量得到的 10%双氧水分解反应失控过程温度和压力曲线，可以看到失控反应超压超过 3MPa，远高于反应釜的爆破压力。

8.2 超压泄放原理

尽管从工艺上和技术上已经采取了很多措施防止超压出现，但由于工艺及设备操作工况的复杂性，压力容器的超压因素难以完全消除。因此，必须降低可能产生的超压对容器的破坏效果。超压泄放是目前显著超压对压力容器破坏效果的最有效方法。超压泄放的原理是在容器上设置泄放装置（强度薄弱环节），当超压发生导致压力积聚时，泄放装置先于容器破裂，压力波及介质通过泄放装置破裂口泄放至外部空间，从而避免容器内压力达到容器的破裂压力。

图 8-3 所示为球形容器超压泄放示意图。设定容器的爆破压力为 p_b。安装的超压泄放装置动作压力为 p_{stat}，泄放面积为 A_v。图中，曲线①为密闭容器超压的压力曲线，超压最

大值 p_{max} 超过容器的爆破压力 p_b，故容器破裂失效。定义超压泄放过程中容器内最大超压为泄放压力 p_{red}。泄放压力大小取决于两个因素：超压因素引起的压力上升速率以及泄放过程引起的压力降低速率。依据两者大小不同，泄放过程压力变化有以下三种：

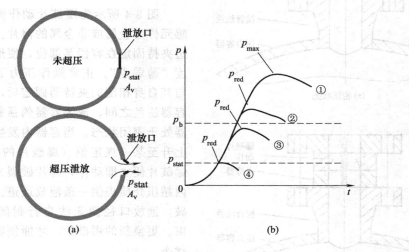

图 8-3　超压泄放及压力变化

① 容器内压力 p 达到泄放装置动作压力 p_{stat} 时压力开始泄放，但压力上升速率高于压力下降速率，压力 p 继续增加，最终容器内最大泄放压力 p_{red} 超过容器爆破压力 p_b，如图 8-3 曲线②所示，容器破坏，泄放未起到保护容器的效果。

② 容器内压力达到泄放装置动作压力 p_{stat} 时压力开始泄放，压力上升速率高于压力下降速率，容器内压力 p 增加，然而最大泄放压力 p_{red} 未超过爆破压力 p_b，如图 8-3 曲线③所示，容器不破坏，泄放达到保护容器的效果。这种情况称为非平衡泄放（或有限升压泄放）。

③ 容器内压力达到泄放装置动作压力 p_{stat} 时压力开始泄放，此时泄放面积 A_v 足够大，使得压力上升速率低于泄放引起的压力下降速率，容器内压力在泄放开始瞬间即下降，最终最大泄放压力 p_{red} 与泄放装置动作压力 p_{stat} 相等，如图 8-3 中曲线④所示。这种情况下，泄放效果最好，称为平衡泄放。

8.3　超压泄放装置

压力容器的超压泄放，是由设置在容器上的超压泄放装置实现的。所谓超压泄放装置，是指设置在容器预定部位，在容器发生超压时能自动动作，为超压介质提供泄放通道的安全装置。

正确选用超压泄放装置是设计工作中的一个重要环节。超压泄放装置从功能上可分为阀型、断裂型、熔化型和组合型；从作用原理上可分为压力敏感型和温度敏感型；从使用角度可分为一次性使用型和可重复使用型等。目前常用的安全泄放装置包括安全阀、爆破片、易熔塞三种。其中，易熔塞属于温度敏感型，一般仅适用于气瓶等小型容器；安全阀和爆破片同属于压力敏感型，是目前应用最广泛的两种压力容器超压泄放装置。

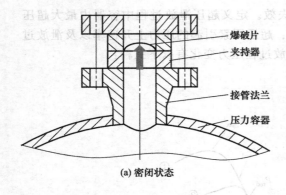

(a) 密闭状态

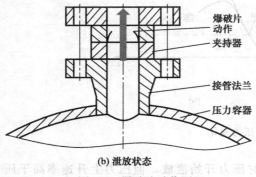

(b) 泄放状态

图 8-4　爆破片动作原理

8.3.1　爆破片装置

8.3.1.1　动作原理

图 8-4 所示为爆破片动作原理，其压力敏感元件为金属或非金属的薄片。将此薄片沿周边夹持固定在容器某部位，便形成了容器的强度"薄弱点"。正常操作压力下，爆破片通过与其自身相配的夹持器固定后，一起被加持在容器法兰之间，成为容器的强制密封点，使容器处于密闭状态。当容器内发生超压且其压力上升至某一规定值（爆破片的爆破压力）时，爆破片便立即动作，薄片破裂或脱落，为容器内超压介质提供一条泄放通道。爆破片一旦爆破，泄放口径便无法自行封闭，直至泄放结束。更换新的爆破片，才能使容器回复到密闭状态。

8.3.1.2　结构类型

早期的爆破片由金属平板上剪下的圆平片制成，称为平板形爆破片。平板形爆破片结构简单，爆破压力精确度不高。由于平板形爆破片在工作压力下会起拱变形呈球冠状，研究人员由此受到启发，将平膜片在其受压侧预先施加一定的介质压力（不小于其工作压力）使其预拱成型，即形成了正拱形爆破片，如图 8-5（a）所示。与平板形爆破片相比，正拱形爆破片预拱成型过程可将有缺陷的爆破片全部剔除；由于预拱成型压力高于工作压力，膜片在工作时处于弹性承载状态，因而提高了疲劳强度。

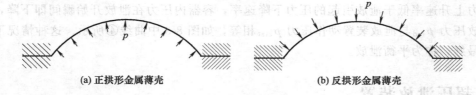

(a) 正拱形金属薄壳　　　　　　　　　　(b) 反拱形金属薄壳

图 8-5　拱形金属薄壳结构

将正拱形爆破片的受压侧改为泄放侧使其倒置，便形成了反拱形爆破片，如图 8-5（b）所示。从受力状态分析，正拱形爆破片是在拉应力下发生强度破坏，而反拱形爆破片是在压应力下发生失稳破坏，因此，前者的极限强度（爆破压力）主要取决于材料的抗拉强度，而后者的极限强度（失稳压力）主要取决于材料的弹性模量。由于材料的弹性模量一般要比其抗拉强度稳定，因此反拱形爆破片比正拱形爆破片的爆破压力受环境因素的影响要小，疲劳寿命要长（约为正拱形的 10 倍）。

正拱形爆破片和反拱形爆破片是爆破片的两大基本类型，两者的基本特性对比见表 8-1。

表 8-1 正拱、反拱形金属爆破片基本特性对比

序号	项目	正拱形	反拱形
1	受压方式	操作压力作用在拱形膜片的凹面侧	操作压力作用在拱形膜片的凸面侧
2	破坏方式	膜片上的拉应力强度达到膜片材料的极限强度而破裂	膜片所受压力达到其临界失稳压力而失稳
3	温度效应	明显。温度升高,爆破压力会明显下降,温度波动爆破压力也随之波动	不甚明显。温度升高,爆破压力略有下降
4	使用寿命	较短。工作时膜片应力水平较高,易发生蠕变变形和疲劳破坏	较长。工作时膜片处于弹性压应力状态,不发生蠕变变形,疲劳寿命约为正拱形的10倍
5	适用介质相态	气相、液相均适用	不宜用于全部为液相介质的场合,除非需要的排放量较大
6	反向承压能力	差。需增设背压托架来承受反向压力	强。反向承压能力大于正向,无需增设背压托架
7	许用工作压力	一般为爆破压力的70%~80%	可达爆破压力的90%

由这两种基本类型发展出了不同结构型式的爆破片,如图8-6所示。

普通正拱型爆破片是正拱形爆破片中最简单的一种。为了降低正拱形爆破片的极限厚度,适用低压场合,在膜片的拱面上加工数条辐射状透缝,再考虑到密封和承受背压的需要,形成了由爆破片、密封膜和背压托架组成的新型爆破片结构,即正拱开缝型爆破片。

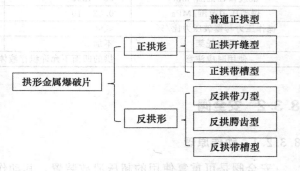

图 8-6 拱形金属爆破片类型

反拱形爆破片在其拱面发生失稳翻转后,一般不能自动破裂。在这种情况下,它会像正拱形爆破片一样继续承压,直至拉伸应力水平达到其材料的抗拉强度。因此,在反拱形爆破片的泄放侧,一般要设置致破结构。根据致破结构的不同,可将反拱形爆破片分为反拱带刀型和反拱腭齿型。

带槽型爆破片是近年来发展起来的一种品质优良的爆破片结构,在拱形膜片的凹面上加工十字(或环)形减弱槽,膜片在工作时凹面受压便形成了反拱带槽型爆破片。带槽型爆破片的最大特点是爆破时膜片沿减弱槽掀开,爆破后不产生碎片,因此特别适用于介质易燃易爆以及与安全阀组合使用的场合。

各种拱形爆破片的主要技术特性如表8-2、表8-3所示。

表 8-2 各种正拱形爆破片的技术特性

结构型式	普通正拱型	正拱开缝型	正拱带槽型
内力类型	拉伸	拉伸	拉伸
适用介质相态	气、液、粉尘	气、液、粉尘	气、液、粉尘
是否适用燃爆工况	不适用	适用	适用
疲劳寿命/次	>12000	>500	>25000
抗压疲劳能力	较好	差	较好
爆破时有无碎片	有	很少	无
可否引起撞击火花	可能	可能性小	否
可否与安全阀串联使用	否	可	可
泄放口径范围/mm	5~1200	25~900	10~800
爆破压力范围/MPa	0.1~350	0.02~4.0	0.1~35

续表

结构型式	普通正拱型	正拱开缝型	正拱带槽型
爆破压力允差/%	±5	±5、±10、±15、±20	±5
操作压力与爆破压力比/%	≤70	≤80	≤80
背压托架	可加	已加	可加
选用时注意	对有真空工况需特别提出	主要适用于低压工况	对有真空工况需特别提出

表 8-3 各种反拱形爆破片的技术特性

结构型式	反拱带刀型	反拱腭齿型	反拱带槽型
内力类型	压缩	压缩	压缩
疲劳寿命	>100000	>100000	>100000
抗压力疲劳能力	优良	优良	优良
爆破时有无碎片	很少	很少	无
可否引起撞击火花	可能	可能性小	否
可否与安全阀串联使用	可	可	可
泄放口径范围/mm	25～1200	25～500	10～800
爆破压力范围/MPa	0.02～10	0.02～10	0.02～10
操作压力与爆破压力比/%	≤90	≤90	≤90
背压托架	不加	不加	不加
使用时应注意	拱的凹面不允许积存液体、冰雪、粉灰及胶黏状物质		

8.3.2 安全阀

8.3.2.1 动作原理

安全阀是可重复使用的超压泄放装置,其动作原理如图 8-7 所示。压力容器在正常操作压力下,安全阀处于关闭状态。此时,弹簧力通过阀瓣,克服压力介质的作用力,在阀座与阀瓣的密封面上形成一定的密封力,以实现阀瓣和阀座间的密封,从而使容器处于密封状态。当容器内发生超压且其压力达到某一规定值时,阀瓣上所受的弹簧力与压力介质作用力

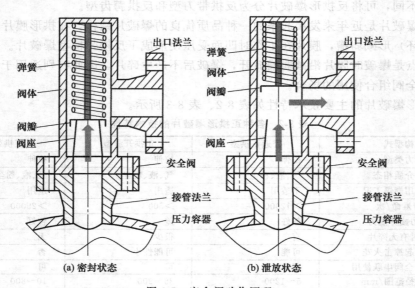

图 8-7 安全阀动作原理

相等，阀瓣与阀座密封面上的密封比压降至零，压力介质连续地通过该密封面泄漏出来。如果在阀瓣与阀座上按照流体力学原理设置有反冲机构，则泄漏出来的压力介质就会通过反冲机构对阀瓣施加一个"附加"作用力。在该附加作用力的作用下，阀瓣迅速压缩弹簧向上移动，达到规定的开启高度，从而为超压介质提供一条泄放通道。当设备内的压力降至某一规定值（安全阀的回座压力）时，阀瓣在弹簧力的作用下，克服压力介质的作用力，向下移动至关闭状态，重新与阀座在其密封面之间建立起密封，使流体压力设备恢复至密封状态。

8.3.2.2 结构分类

安全阀结构形式多样，基本结构的分类通常有以下几方面：

（1）按作用原理分类

① 直接作用式安全阀　这类安全阀是在工作介质的直接作用下开启的，即依靠工作介质压力产生的作用力克服弹簧或重锤等驾驭阀瓣的机械载荷，使阀门开启。其结构简单、动作迅速，可靠性高。然而，由于依靠机构加载，载荷大小受限，不适用于高压、大口径的场合。

② 非直接作用式安全阀　这类安全阀不完全是在工作介质的直接作用下开启，例如：

a. 先导式安全阀。这种安全阀的主阀依靠从导阀排出的介质来驱动或控制。导阀本身是一个直接作用式安全阀。先导式安全阀的动作基本不受背压变化的影响，适用于高压、大口径的场合。但其结构复杂，可靠性不如直接作用式安全阀。

b. 带动力辅助装置的安全阀。这种安全阀借助于动力辅助装置（如空气或蒸汽压力、电磁力等），可以在低于正常开启压力的情况下强制开启安全阀。适用于开启压力很接近于工作压力的场合，或需定期开启安全阀以进行校验或吹除黏着、冻结介质的场合。

（2）按开启高度分类

① 微启式安全阀　微启式安全阀主要有开启高度大于或等于 1/40 流道直径和大于或等于 1/20 流道直径两种，主要适用于液体场合或排放量很小的气体场合。

② 全启式安全阀　开启高度大于或等于 1/4 流道直径，称为全启式安全阀。其排放面积是阀座喉部最小截面积，主要适用于气体介质的场合。

③ 中启式安全阀　开启高度介于微启式和全启式之间，称为中启式安全阀。

（3）按有无背压平衡结构分类

① 背压平衡式安全阀　背压平衡式安全阀的内部设置了诸如波纹管、活塞或者膜片等平衡背压作用的元件。背压的变化不会影响安全阀开启压力的大小。当附加背压的变化量超过开启压力的 10% 时，推荐采用背压平衡式安全阀。

背压平衡式安全阀虽然能够克服背压的变化对开启压力的影响，却无法完全消除背压变化对开启后动作性能的影响。

② 非平衡式安全阀　非平衡式安全阀即为常规式安全阀，不带平衡背压作用的元件，适用于背压为大气压，或者背压变化不大的场合。

（4）按加于阀瓣的载荷型式分类

① 净重式安全阀　净重式安全阀又分为重锤式安全阀及杠杆重锤式安全阀两种。即将重锤直接加载于阀瓣或通过杠杆加载于阀瓣。这是最早的安全阀结构形式，目前几乎不再使用。

② 弹簧式安全阀　利用弹簧加载于阀瓣。弹簧式安全阀结构简单、体积小、载荷范围大、对振动不敏感，因此应用广泛。

③ 气室式安全阀　这种安全阀的载荷由密闭在气室中的压缩空气，通过膜片和阀杆施加于阀瓣。由于环境温度的变化会引起气室压力的变化从而改变作用于阀瓣的载荷值，因此，这种安全阀对环境温度的变化很敏感。

④ 永磁体式安全阀　这种安全阀的载荷通过设置在阀体内的磁力机构施加到阀瓣。由于磁性材料提供的载荷比较稳定，不受温度和介质的影响，而且利用一个特殊机构能在开始的瞬间达到全开启，因此可靠性高。但是，由于高温下磁力会减弱，因此不能用于温度比较高的场合。

（5）按气体排放方式分类

① 全封闭式安全阀　安全阀排气侧要求密封严密，排放的气体全部通过封闭系统，介质不能向外泄漏。主要用于介质为有毒、易燃气体的容器。

② 半封闭式安全阀　安全阀排气侧不要求密封严格，排放的气体大部分通过排气管排出，一部分从阀道与阀杆之间的间隙中漏出。适应于介质为不会污染环境的气体容器。

③ 开放式安全阀　安全阀阀盖敞开，弹簧内腔室与大气相通，有利于降低弹簧的温度。主要用于介质为空气或对大气不造成污染的高温气体容器。

8.3.3　易熔塞

易熔塞是利用装置内的低熔点合金在较高的温度下即熔化、打开通道使气体从原来填充的易熔合金的孔中排出而泄放压力，如图 8-8 所示。

其特点是结构简单，更换容易，由熔化温度而确定的动作压力较易控制。一般用于气体压力不大，完全由温度的高低来确定的容器。

易熔塞排放过高压力后不能继续使用，容器和装置也得停止运行。在选择易熔塞时要考虑安全排放量。易熔塞在容器中应用比较多，比如高压储液器、气液分离器等。

图 8-8　易熔塞

8.3.4　选型方法

易熔塞一般仅适用于气瓶类结构的安全泄放装置，对于除气瓶外的压力容器，爆破片与安全阀的应用最为广泛。选用何种超压泄放装置，要根据具体工况以及爆破片与安全阀的特点确定。表 8-4 为爆破片与安全阀特点对比。

表 8-4　爆破片与安全阀特点对比

内容		对比项	爆破片	安全阀
结构型式	1	品种	多	少
	2	基本结构	简单	较复杂
	3	口径范围	$\phi 3 \sim 1000mm$	小口径或大口径均困难
	4	压力范围	几十毫米水柱～几百兆帕	低压或高压均困难
	5	温度范围	$-250 \sim 500℃$	低温或高温均困难
适用范围	6	介质腐蚀性	可选用耐腐蚀材料	选用耐腐蚀材料有限，防腐蚀结构复杂
	7	介质黏稠、有沉淀、结晶等	不影响动作	明显影响动作
	8	对温度敏感型	高温下动作时压力降低,低温动作时压力升高均较敏感	不很敏感

续表

内容		对比项	爆破片	安全阀
适用范围	9	工作压力与动作压力差值	较大	较小
	10	经常超压的场合	不适用	适用
防超压动作	11	动作特点	一次性	可重复使用
	12	灵敏性	惯性小,可对急剧升高的压力迅速作出反应	不很及时
	13	正确性	一般±5%	波动幅度大
	14	可靠性	一旦损伤,爆破压力会显著变化	一旦受损伤,可能不起跳或不闭合
	15	密闭性	无泄漏	可能泄漏
	16	动作后对生产造成损失	较大,必须更换后恢复生产	较小,复位后生产正常进行
维护与更换	17		简单	较复杂

根据上述特点,爆破片装置的适用场所如下:

① 压力容器或管道内的工作介质具有黏性或易于结晶、聚合,容易将安全阀阀瓣和底座黏住或堵塞安全阀的场所;

② 压力容器内的物料化学反应可能使容器内压力瞬间急剧上升安全阀不能及时打开泄压的场所;

③ 压力容器或管道内的工作介质为剧毒气体或昂贵气体,用安全阀可能会存在泄漏导致环境污染和浪费的场所;

④ 压力容器和压力管道要求全部泄放或全部泄放时毫无阻碍的场所;

⑤ 其他不适用于安全阀而适用于爆破片的场所。

一般来说,凡属于下列情况之一的压力系统必须设置安全阀:

◇ 容器的压力物料来源于没有安全阀的场合;

◇ 设计压力小于压力来源处的压力容器及管道;

◇ 容积泵和压缩机的出口管道;

◇ 由于不凝气的累积产生超压的容器;

◇ 加热炉出口管道上如设有切断阀或控制阀时,在该阀前部位应设置安全阀;

◇ 由于工艺事故、自控事故、电力事故和公用工程事故引起的超压部位;

◇ 液体因两端阀门管壁而产生热膨胀的部位;

◇ 凝气透平机的蒸汽出口管道;

◇ 某些情况下,由于泵出口止回阀的泄漏,在泵的入口管道上设置安全阀;

◇ 经常超压的场合以及温度波动大的场合。

8.4 物理超压泄放设计

超压泄放装置要完成设定的功能,需要两个基本要求:动作压力准确,以及泄放能力足够。前者是指当容器内的压力达到设定的压力数值时,泄放装置必须可靠动作;后者指泄放装置动作后,要有足够的排放能力,使设备内压力不超过爆破压力。显然,对超压泄放装置排放能力的要求是超压泄放装置的泄放量 W 只有不小于容器超压时所需的安全泄放量 W_s,容器内的压力才不会继续升高,从而保证压力容器的安全运行。

超压泄放装置的泄放量 W 主要取决于泄放装置结构及几何特性、泄放介质的流体力学特性等。容器超压时的安全泄放量 W_s 主要取决于容器所处的工况。

8.4.1 安全泄放量 W_s 计算

压力容器的安全泄放量定义为压力容器在超压时为保证它的压力不再升高，在单位时间内所必须泄放的气量，即容器在单位时间内由产生气体压力的设备（如压缩机、蒸汽锅炉等）所能输入的最大气量；或容器在受热时单位时间容器内所能蒸发、分解的最大气量；或容器内部的工作介质发生化学反应在单位时间内所能产生的最大气量。因此，对于不同的压力容器应分别按不同的方法来确定其安全泄放量。

8.4.1.1 盛装压缩气体或水蒸气的容器

对压缩机储气罐和蒸汽罐等容器的安全泄放，分别取该压缩机和蒸汽发生器在单位时间内的最大产气（汽）量。

气体储罐等的安全泄放量 W_s，按式（8-1）计算：

$$W_s = 2.83 \times 10^{-3} \rho v d^2 \tag{8-1}$$

式中　ρ——气体在泄放压力下的密度，kg/m^3；

　　　v——气体在管内的流速，m/s；

　　　d——容器进口管的内径，mm。

8.4.1.2 换热设备等产生蒸汽时

换热设备等产生蒸汽时，安全泄放量按式（8-2）计算：

$$W_s = \frac{H}{q} \tag{8-2}$$

式中　H——输入热量，kJ/h；

　　　q——在泄放压力下，液体的汽化潜热，kJ/kg。

8.4.1.3 盛装液化气体的容器

① 介质为易燃液化气体或位于有可能发生火灾环境下工作的非易燃液化气体的容器，分别按有、无绝热保温层计算其安全泄放量：

a. 无绝热保温层时，安全泄放量按式（8-3）计算：

$$W_s = \frac{2.55 \times 10^5 FA_r^{0.82}}{q} \tag{8-3}$$

b. 有完善的绝热保温层时（例如在火灾条件下，保温层不被破坏），安全泄放量按式（8-4）计算：

$$W_s = \frac{2.61(650-t)\lambda A_r^{0.82}}{\delta q} \tag{8-4}$$

式中　F——系数，当容器装设在地面上用沙土覆盖时，取 $F=0.3$；容器在地面上时，取 $F=1$；对设置在大于 $10L/(m^2 \cdot min)$ 喷淋装置下时取 $F=0.6$；

　　　A_r——容器的受热面积，m^2，可按下列公式计算：

　　　　　对半球形封头的卧式容器：$A_r = \pi D_o L$

　　　　　对椭圆形封头的卧式容器：$A_r = \pi D_o(L+0.3D_o)$

对立式容器：$A_r = \pi D_0 L'$

对球形容器：$A_r = \dfrac{1}{2}\pi D_0^2$ 或从地面起到 7.5m 高度以下所包括的外表面积，取两者中较大的值；

D_0——容器外径，mm；

L——容器总长，m；

L'——容器内最高液位，m。

t——泄放压力下的饱和温度，℃；

λ——常温下绝热材料的热导率，kJ/(m·h·℃)；

δ——保温层厚度，m。

② 介质为非易燃液化气体的容器，置于无火灾危险的环境下工作时，安全泄放量可根据有、无保温层，分别参照置于火灾危险环境的公式（8-3）、公式（8-4）计算，取不低于计算值的 30%。

8.4.1.4 化学反应引起的超压

因化学反应使气体体积增大的容器，其安全泄放量应根据容器内化学反应可能生成的最大气量及反应时间来确定。

8.4.1.5 阀门误关闭引起的超压

出口阀门关闭，入口阀门未关闭时，泄放量为被关闭的管道最大正常流量；管道两端的切断阀关闭、充满液体的容器进出口阀门关闭、换热器冷侧进出口阀门关闭等工况下，安全泄放量为被关闭液体的膨胀量，其数值与正常工作输入的热量有关，见公式（8-5）。

$$V = BH/(G_L c_p) \tag{8-5}$$

式中 V——正常泄放流量，m³/h；

B——体积膨胀系数，1/℃；

H——正常工作条件下最大传热量，kJ/h；

G_L——液相密度，kg/m³；

c_p——定压比热容，kJ/(kg·℃)。

8.4.1.6 其他工况引起的超压

（1）循环水故障

以循环水为冷媒的塔顶冷凝器，当循环水发生故障（断水）时，塔顶所需的安全泄放量为正常工况下进入冷凝器的最大蒸汽量。以循环水为冷媒的其他换热器，当循环水发生故障（断水）时，应仔细分析影响的范围，确定泄放量。

（2）电力故障

停止供电时，用电机驱动的塔顶回流泵、塔侧线回流泵将停止转动，塔顶所需的安全泄放量为该事故工况下进入塔顶冷凝器的蒸汽量。塔顶冷凝器为不装百叶的空冷器时，在停电情况下，塔顶所需的泄放量为正常工况下进入冷凝器的最大蒸汽量的 75%。停止供电时，要仔细分析停电的影响范围，如泵、压缩机、风机、阀门的驱动机构等，以确定足够的泄放量。

（3）不凝气的积累

若塔顶冷凝器中有较多无法排放的不凝气，则塔顶所需的安全泄放量与循环水鼓胀工况的规定相同。其他积累不凝气的场合，要分析其影响范围，以确定泄放量。

（4）控制阀故障

安装在设备出口的控制阀，发生故障时若处于全闭位置，则所设安全阀的泄放量为流经此控制阀的最大正常流量。

（5）过度热量输入

换热器热媒侧的控制阀失灵全开、切断阀误开，设备的加热夹套、加热盘管的切断阀误开等工况下，以过度热量的输入而引起的气体蒸发量或液体的膨胀量来计。

8.4.2 泄放装置泄放量及泄放面积计算

当超压泄放装置的泄放量 W 等于容器超压时所需的安全泄放量 W_s 时，所需要的泄放面积称为最小泄放面积 A。显然，确定最小泄放面积 A 是开展泄放设计的关键工作。

8.4.2.1 符号说明

为了便于叙述，首先将符号含义说明如下。

A——超压泄放装置所需的最小泄放面积，mm^2。

k——气体绝热指数，与气体种类有关，可查表 8-5。对于空气，$k=1.40$。

表 8-5　部分气体的性质

气体	分子式	摩尔质量 $M/(kg/kmol)$	绝热指数 k (0.013MPa,15℃)	临界压力 (绝压)p_c/MPa	临界温度 T_c/K
空气	—	28.97	1.40	3.769	132.45
氮气	N_2	28.01	1.40	3.394	126.05
氧气	O_2	32.00	1.40	5.036	154.35
氢气	H_2	2.02	1.41	1.297	33.25
氯气	Cl_2	70.91	1.35	7.711	417.15
一氧化碳	CO	28.01	1.40	3.546	134.15
二氧化碳	CO_2	44.01	1.30	7.397	304.25
氨	NH_3	17.03	1.31	11.298	405.55
氯化氢	HCl	36.46	1.41	8.268	324.55
硫化氢	H_2S	34.08	1.32	9.008	373.55
一氧化二氮	N_2O	44.01	1.30	7.265	309.65
二氧化硫	SO_2	64.06	1.29	7.873	430.35
甲烷	CH_4	16.04	1.31	4.641	190.65
乙炔	C_2H_2	26.02	1.26	6.282	309.15
乙烯	C_2H_4	28.05	1.25	5.157	282.85
乙烷	C_2H_6	30.05	1.22	4.945	305.25
丙烯	C_3H_6	42.08	1.15	4.560	365.45
丙烷	C_3H_8	44.10	1.13	4.357	368.75
正丁烷	C_4H_{10}	58.12	1.11	3.648	426.15
异丁烷	$CH(CH_3)_3$	58.12	1.11	3.749	407.15

C——气体特性系数，可查表 8-6 或按下式计算：

$$C=520\sqrt{k\left(\frac{2}{k+1}\right)^{\frac{k+1}{k-1}}}$$

表 8-6　气体特性系数 C

k	C	k	C	k	C	k	C
1.00	315	1.20	337	1.40	356	1.60	372
1.02	318	1.22	339	1.42	358	1.62	374
1.04	320	1.24	341	1.44	359	1.64	376
1.06	322	1.26	343	1.46	361	1.66	377
1.08	324	1.28	345	1.48	363	1.68	379
1.10	327	1.30	347	1.50	365	1.70	380
1.12	329	1.32	349	1.52	366	2.00	400
1.14	331	1.34	351	1.54	368	2.20	412
1.16	333	1.36	352	1.56	369	—	—
1.18	335	1.38	354	1.58	371	—	—

K——泄放装置的泄放系数。

对于安全阀，K 取由安全阀制造厂提供的额定泄放系数。

对于爆破片，K 值与爆破片装置入口管道形状有关，见表 8-7，但同时满足如下条件：①直接向大气排放；②爆破片安全装置离容器本体的距离不超过 8 倍管径；③爆破片安全装置泄放管长度不超过 5 倍管径；④爆破片安全装置上、下游接管的公称直径不小于爆破片安全装置的泄放口公称直径。当入口管道形状不易确定或不满足①～④时，可取 $K=0.62$；对液体介质，取 0.62 或按有关技术规范的规定。

表 8-7　爆破片安全装置泄放系数

编号	接管示意图	接管形状	泄放系数 K
1		插入式接管	0.68
2		平齐式接管	0.73
3		带过渡圆角接管	0.80

M——气体的摩尔质量，kg/kmol；

p_0——泄放装置出口侧压力（绝压），MPa；

p_f——泄放装置的泄放压力（绝压），包括设计压力和超压限度两部分，MPa；

Δp——泄放装置泄放时内、外侧的压力差，MPa；

R——通用气体常数，J/(kmol·K)，$R=8314$；

Re——雷诺数，$Re = 0.3134 \dfrac{W}{\mu \sqrt{A}}$；

T_f——泄放装置泄放温度，K；

W——泄放装置泄放量，kg/h；

W_s——容器的安全泄放量，kg/h；

Z——气体的压缩因子，见图 8-9，对于空气，$Z = 1.0$；

ζ——液体动力黏度校正系数，见图 8-10，当液体的黏度不大于 20℃水的黏度时，取 $\zeta = 1.0$；

μ——液体动力黏度，Pa·s；

ρ——泄放条件下的介质密度，kg/m³。

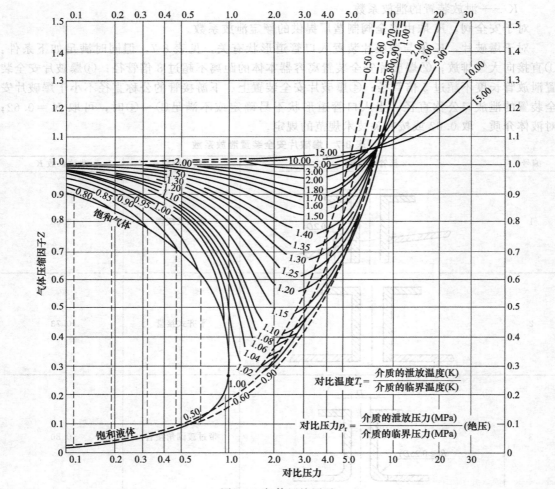

图 8-9　气体压缩因子

8.4.2.2　气体泄放所需的最小泄放面积

① 临界条件，即 $\dfrac{p_o}{p_f} \leqslant \left(\dfrac{2}{k+1}\right)^{\frac{k}{k-1}}$ 时：

$$A = 13.16 \frac{W_s}{CKp_f}\sqrt{\frac{ZT_f}{M}} \tag{8-6}$$

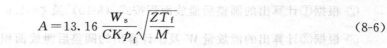

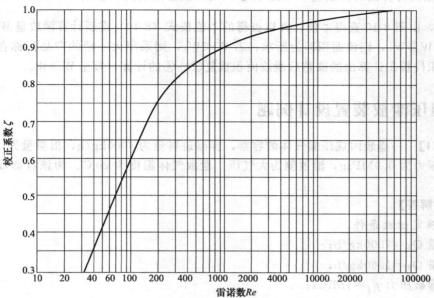

图 8-10 液体动力黏度校正系数

② 亚临界条件，即 $\frac{p_o}{p_f} > \left(\frac{2}{k+1}\right)^{\frac{k}{k-1}}$ 时：

$$A = 1.79 \times 10^{-2} \frac{W_s}{Kp_f\sqrt{\frac{k}{k-1}\left[\left(\frac{p_o}{p_f}\right)^{\frac{2}{k}} - \left(\frac{p_o}{p_f}\right)^{\frac{k+1}{k}}\right]}}\sqrt{\frac{ZT_f}{M}} \tag{8-7}$$

8.4.2.3 饱和蒸汽泄放所需的最小泄放面积

饱和蒸汽中蒸汽含量应不小于98%，过热度不大于11℃。

① 当 $p_f \leqslant 10\text{MPa}$ 时：

$$A = 0.19 \frac{W_s}{Kp_f} \tag{8-8}$$

② 当 $10\text{MPa} < p_f \leqslant 22\text{MPa}$ 时：

$$A = 0.19 \frac{W_s}{Kp_f}\left(\frac{33.2p_f - 1061}{37.6p_f - 1000}\right) \tag{8-9}$$

8.4.2.4 液体泄放所需的最小泄放面积

$$A = 0.196 \frac{W_s}{\zeta K\sqrt{\rho\Delta p}} \tag{8-10}$$

对于黏滞性流体的泄放面积计算程序如下：

① 假设为非黏滞性流体，取 $\zeta = 1.0$ 按式（8-10）计算出初始的泄放面积与相应的直径，并向上圆整到产品系列化规格最近的公称直径及相对应的泄放面积；

② 根据①计算出的圆整后泄放面积按式（8-10）及 $\zeta=1.0$ 计算泄放量 W；

③ 根据②计算出的泄放量 W 及①计算出的圆整后泄放面积按式 $Re=0.3134\dfrac{W}{\mu\sqrt{A}}$ 计算雷诺数 Re，由图 8-10 查得 ζ 值，并以查得的 ζ 值按式（8-10）重新计算泄放量 W；

④ 若 $W\geqslant W_s$，则该面积即为所求；若 $W<W_s$，则采用大一档的产品公称直径相对应的泄放面积代替①计算出的圆整后泄放面积重复②～④的计算，直至 $W\geqslant W_s$。

8.5　超压泄放装置设计例题

【例 8-1】　一盛装丙烷压缩气体的容器，容器进料量为 7000kg/h，出料量为 1560kg/h，设计爆破压力为 0.9MPag，泄放侧为大气压。泄放气体温度为 20℃。为该容器设计爆破片泄放装置。

【例题解答】

（1）确定泄放条件

进料量 $Q_1=7000\text{kg/h}$；

出料量 $Q_2=1560\text{kg/h}$；

设计爆破压力 $p_f=1\text{MPaa}$；

泄放侧压力 $p_0=0.1\text{MPaa}$；

泄放气体温度 $T_f=293\text{K}$；

（2）计算安全泄放量 W_s

容器安全泄放量为容器进料量与容器出料量之差。即 $W_s=Q_1-Q_2=5440\text{kg/h}$。

（3）计算泄放面积 A 和泄放口径 d

$$C=520\sqrt{k\left(\frac{2}{k+1}\right)^{\frac{k+1}{k-1}}}=330.3$$

爆破片额定泄放系数 $K=0.62$；

查表 8-5 可知，丙烷摩尔质量 $M=44.10\text{kg/kmol}$、临界压力 $p_c=4.357\text{MPa}$、临界温度 $T_c=368.75\text{K}$。

故对比压力 $p_r=p_f/p_c=1/4.357=0.23$；对比温度 $T_r=T_f/T_c=293/368.75=0.79$

查图 8-9 知丙烷压缩因子 $Z=0.82$。

泄放面积 A：$A=13.16\dfrac{W_s}{CKp_f}\sqrt{\dfrac{ZT_f}{M}}=816.77\text{mm}^2$

泄放口径 $d=\sqrt{\dfrac{4A}{\pi}}=32.26\text{mm}$

故爆破片泄放装置口径需大于 32.26mm。根据厂家提供的爆破片标准口径规格，可选 40mm 口径的爆破片。

【例 8-2】　一饱和水蒸气产生装置，最大产汽量 $Q=69615\text{kg/h}$，工作压力 $p_w=11032\text{kPag}$，最大允许超压 10%。为该蒸汽发生装置进行安全阀泄放计算。

【例题解答】

（1）确定泄放条件

安全阀整定压力 $p_z=1.1p_w+0.1\text{MPa}=12.2352\text{MPaa}$

最大蒸发量 $Q=69615\text{kg/h}$

（2）计算安全泄放量 W_s

超压原因为发生装置产生的水蒸气，因此安全泄放量即为该装置的最大产生蒸汽量。故 $W_s=Q=69615\text{kg/h}$

（3）计算泄放面积 A 和泄放口径 d

厂家提供安全阀额定泄放系数 $K=0.864$。

泄放压力 p_f 等于安全阀整定压力 p_z。

因为 $10\text{MPa}<p_f\leqslant22\text{MPa}$，故

$$A=0.19\frac{W_s}{Kp_f}\left(\frac{33.2p_f-1061}{37.6p_f-1000}\right)=1240\text{mm}^2$$

泄放口径 $d=\sqrt{\dfrac{4A}{\pi}}=39.74\text{mm}$

故安全阀的泄放口径要不低于 39.74mm。根据厂家提供的安全阀口径规格，可选 40mm 口径的安全阀。

【例 8-3】 有一空气储罐，$DN1000$，体积 $V=5\text{m}^3$，最高工作压力为 0.8MPa，工作温度为30℃，进口管为 $\phi57\text{mm}\times3.5\text{mm}$，空气在进口管内流速为 15m/s。试为该储罐设计安全阀泄放装置。

【例题解答】

（1）确定气体的状态条件如下：

安全阀出口侧压力 $p_o=0.103\text{MPaa}$

储罐设计压力 $p=1.1p_w=0.88\text{MPag}$

安全阀泄放压力 $p_f=p+10\%p+0.1=1.068\text{MPaa}$

空气绝热指数 $k=1.4$

$$p_o/p_f=0.103/1.068=0.0936$$

$$\left(\frac{2}{k+1}\right)^{\frac{k}{k-1}}=0.53$$

故泄放时属于临界状态条件。

（2）容器安全泄放量的计算：

$$W_s=2.83\times10^{-3}\rho vd^2\,(\text{kg/h})$$

$$\rho=\frac{p_fM}{R_mT}$$

$M=28.95$；$T=303\text{K}$；$R_m=8.314\text{kJ/(kg·K)}$

代入得 $\rho=12.44\text{kg/m}^3$

管径 $d=50\text{mm}$、流速 $v=15\text{m/s}$，根据式（8-1），代入数据得：

$$W_s=2.83\times10^{-3}\times12.44\times15\times50^2=1320.2\text{kg/h}$$

（3）计算安全阀排放面积 A

$$A=13.16\frac{W_s}{CKp_f}\sqrt{\frac{ZT_f}{M}}$$

式中 C——气体特性系数，空气 $C=365$；

K——安全阀额定泄放系数，$K=0.9$。

代入数据，得 $A = 213.58\text{mm}^2$

泄放口径 $d = \sqrt{\dfrac{4A}{\pi}} = 16.49\text{mm}$

故安全阀的泄放口径要不低于 16.49mm。根据厂家提供的安全阀口径规格，可选 20mm 口径的安全阀。

【例 8-4】 原油因出口堵塞需要泄放，泄放流量为 6814L/min，原油相对密度为 0.90，原油在流动温度下的动力黏度为 0.053Pa·s，工作压力 1724kPag，允许超压 10%。背压 345kPag。对此泄放进行爆破片泄放设计计算。

【例题解答】

（1）确定泄放条件

液体师需要泄放体积流量 $Q = 6814\text{L/min}$；

原油相对密度 $G = 0.9$，则原油密度 $\rho = 900\text{kg/m}^3$；

设计爆破压力 $p_f = 1.1 \times 1724\text{kPag} = 1896\text{kPag}$；

背压 $p_0 = 345\text{kPa}$；

原油黏度 $\mu = 0.053\text{Pa·s}$。

（2）计算安全泄放量 W_s

安全泄放量即为液体师需要泄放的质量流量即 $W_s = W = \rho Q = 367956\text{kg/h}$

（3）计算泄放面积 A 和泄放口径 d

额定泄放系数 $K = 0.62$；

超压爆破内外压差 $\Delta p = 1.379\text{MPa}$；

假设液体动力黏度校正系数 $\zeta = 1.0$，则泄放面积 A 计算为

$$A = 0.196 \frac{W_s}{\zeta K \sqrt{\rho \Delta p}} = 3301.85\text{mm}^2$$

泄放口径 $d = \sqrt{\dfrac{4A}{\pi}} = 64.86\text{mm}$

根据厂家提供的爆破片口径规格，选择爆破片泄放口径 $d_c = 75\text{mm}$，该爆破片泄放面积 $A_c = 4415.6\text{mm}^2$。

（4）经流体动力黏度校正的泄放面积校核

根据安全泄放量 W_s 和泄放面积 A_c 的值计算雷诺数

$$Re = 0.3134 \frac{W_s}{\mu \sqrt{A_c}} = 32743$$

根据此雷诺数，查得流体动力黏度校正因子 $\zeta = 0.98$

然后，用 ζ 校正前面得到的需要的泄放面积 A。

$$A' = A/\zeta = 3301.85/0.98 = 3369.2\text{mm}^2$$

由于校正后的泄放面积 A' 仍小于选择的爆破片泄放面积 A_c，因此 A_c 满足要求。故设计的爆破片泄放口径为 75mm。

习 题

1. 名词解释

（1）物理超压；（2）化学超压；（3）水锤；（4）气锤；（5）超压泄放；（6）平衡泄放；（7）非平衡泄

放；（8）爆破片；（9）安全阀；（10）易熔塞；（11）正拱形爆破片；（12）反拱形爆破片；（13）先导式安全阀；（14）背压平衡式安全阀；（15）安全泄放量；（16）泄放系数。

2. 论述题

（1）论述超压泄放原理以及平衡、非平衡泄放概念。

（2）论述爆破片、安全阀的适用场合。

3. 工程应用题

（1）一台液态丙烷球罐，内径 9830mm，厚度 36mm，无保温层。球罐的设计压力取液态丙烷在 48℃ 时的饱和蒸气压（1.86MPa），该压力下丙烷的汽化潜热为 276.3kJ/kg，确定该球罐的安全泄放量。

（2）有一盛装丙烷压缩气体的容器，容器进料量为 9000kg/h，出料量为 2000kg/h，设计爆破压力为 1.2MPag，泄放侧为大气压。泄放气体温度为 20℃。为该容器设计安全阀泄放装置。

（3）一饱和水蒸气产生装置，最大产生蒸汽量 $Q=69615$kg/h，工作压力 $p_w=11032$kPag，最大允许超压 10%。为该蒸汽发生装置进行爆破片泄放计算。

（4）一盛装丁烷和戊烷的容器，因操作产生超压，需要的容器泄放量为 24260kg/h，容器内介质的摩尔质量为 65kg/kmol，泄放装置整定压力为 517kPag，允许超压 10%。泄放温度为 348K，背压为 0psig。计算泄放装置面积。

（5）一丙烷工业储罐，结构为卧式，椭圆封头，丙烷液相存储，设计爆破压力为 1.96MPag，设计温度为 50℃，直径 6m、总长 12m，没有保温措施，为此罐设计选用合适的安全阀。

（6）有一 650t/h 的锅炉过热器，其最大发热量 MCR＝670000kg/h；泄放装置入口蒸汽压力 $p_1=$ 13.7MPag，入口蒸汽温度 $t=540℃$。泄放装置选用安全阀，额定泄放系数取 0.235。试计算安全泄放量和泄放面积。

（7）一公称体积为 2250L 的长管拖车用气瓶爆破片。内装液化气体 C_3H_8。设计爆破压力 $p=$ 1.5MPaa，工作温度为常温。气瓶外直径为 559mm，气瓶长度为 10975mm。假设在泄放压力下气体的汽化潜热为 415.2kJ/kg，设计此气瓶用爆破片。

—9— 压力容器制造、使用及监检

压力容器设计完成后，在制造、使用及检验过程中也存在众多风险因素。因此，压力容器的制造安全、使用安全以及监督检验是保证压力容器安全的重要内容。本章介绍压力容器制造、使用及监督检验技术。

9.1 压力容器制造

除了可以采用钢管制造小直径压力容器外，圆筒形压力容器筒体成型方法主要有两种：卷制焊接成型和锻造成型。这两类压力容器分别称为板焊结构容器和锻焊结构容器。板焊结构适用于各种类型压力容器，锻焊结构主要用于大型、高压、厚壁容器。

9.1.1 板焊结构容器制造工艺

从原材料进厂到产品最终检验合格出厂，板焊结构容器的制造工艺如图9-1所示。

图9-1 板焊结构容器制造工艺

（1）材料验收入库

由于金属材料和焊接材料的化学成分和性能直接影响压力容器的运行特性和使用寿命，材料生产单位必须提供内容齐全、清晰并印刷有可以追溯的信息化标志，并加盖材料制造单位质量检验章的质量证明书，材料的性能、质量、规格和标志必须符合相应的材料标准的规定。

制造单位在材料入库前，应按质量证明书原件或加盖材料经营单位公章和经办负责人签字（章）的质量证明书复印件对材料进行验收。验收项目应根据产品设计要求而定，主要包括材料规格、牌号、炉批号、化学成分、力学性能、无损检测、高温抗拉强度或低温冲击韧性等。

（2）材料的放样、画线与下料

放样、画线是压力容器制造过程的第一道工序，直接决定零件成型后的尺寸和几何形状精度，对以后的组对和焊接工序有很大影响。

下料方法一般包括剪切下料、冲落下料、火焰切割、等离子切割等形式。

（3）成型加工

成型加工主要包括卷制、冲压、弯曲和旋压等。

圆筒形构件，如压力容器简体和过渡段、大直径管道等均采用钢板卷制而成。卷制过程通常在三辊或四辊卷板机上进行。简体的卷制实际上是一种弯曲工艺。

球形封头、椭圆形封头、球罐的球壳板通常采用冲压工艺成型，部分封头可采用旋压方法加工。

（4）装配与焊接

装配与焊接是决定容器质量的关键工序。焊件的装配不仅要求部件的尺寸符合设计图样的要求，而且要保证接头的装配和定位，以保证焊缝质量符合焊接技术要求。

容器焊接顺序是先简体的校圆及纵缝的焊接（控制椭圆度、棱角度），再进行简节组装及环缝的焊接（焊缝的布置，控制错边量和简体直线度）。当简体直径太大无法校圆时，应先将单简节的几条纵缝点焊，几个简节组装点固定后，再进行纵缝和环缝的焊接。否则若先将环焊缝焊好再焊纵缝时，简节的膨胀和收缩都要受到环缝的限制，其结果会引起过大的应力，甚至产生裂纹。

板厚较厚的焊缝，其焊接次序通常是先焊简体一侧，焊完后从另一侧用碳弧气刨清理焊根，将容易产生裂纹和气孔的第一层焊缝基本刨掉，经磁粉或着色检测确认没有缺陷存在后再进行焊接。

9.1.2 锻焊结构容器制造工艺

锻造是一种利用锻压机械对金属坯料施加压力，使其产生塑性变形以获得具有一定力学性能、一定形状和尺寸锻件的加工方法。相比板焊结构，锻造的优点如下：简体没有纵焊缝，安全性大大提高；锻压可以将坯料中的疏松处压合，提高金属的致密度，使粗大的晶粒细化，钢中的碳化物被击碎，并且均匀地分布。这些均使得锻件的力学性能提高。锻造的生产率高，可以制造形状复杂的零部件。但锻造也有缺陷：需要较大吨位的大型锻造水压机，锻件加工余量大，无损检测工作量大，一旦锻件存在缺陷，造成的损失较大。

锻焊结构压力容器主要用于高压高温场合的压力容器，如加氢反应器、核反应堆压力容器、超高压聚乙烯管式反应器等。锻焊结构压力容器的制造工艺如图 9-2 所示。

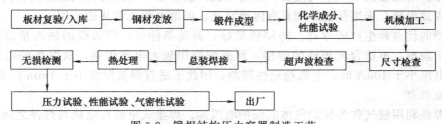

图 9-2 锻焊结构压力容器制造工艺

9.2 压力容器焊接

9.2.1 常用焊接方法

焊接是通过加热或加压的方式，使两个分离的金属物体产生原子或分子间结合而连接成一体的连接方法。按焊接工艺特点和母材金属所处的状态，可以把焊接方法分为熔化焊、压焊和钎焊三类。

熔化焊是将待焊的母材金属熔化，但不加压力以形成焊缝的焊接方法。熔化焊是目前应用最为广泛的一种焊接方法，气焊、焊条电弧焊、埋弧焊、钨极或熔化极气体保护焊、等离子焊等均为熔化焊。

（1）气焊

利用可燃气体与助燃气体混合燃烧生成的火焰为热源，熔化焊件和焊接材料使之达到原子间结合的一种焊接方法。

气焊的优点有：对铸铁及某些有色金属的焊接有较好的适应性；在电力供应不足的地方需要焊接时，气焊可以发挥更大的作用。气焊的缺点有：生产效率低；焊接后工件变形和热影响区较大；较难实现自动化。

（2）焊条电弧焊

用手工操作焊条进行焊接的电弧焊方法称为焊条电弧焊，又叫手工电弧焊。在焊接时，焊条末端和焊件之间燃烧电弧所产生的高温，使药皮、焊芯及焊件熔化，熔化的焊芯端部迅速地形成细小的金属熔滴，通过弧柱过渡到局部熔化的焊件表面，融合一起形成熔池。药皮熔化过程中产生的气体和熔渣，不仅使熔池与电弧周围的空气隔绝，而且也与熔化了的焊芯、母材发生一系列冶金反应，使熔池金属冷却结晶后形成焊缝。

焊条电弧焊的优点有：设备简单，操作方便，易于维修；对焊接接头的装配尺寸要求相对较低；可进行各种位置的焊接；适合焊接多种金属材料及各种结构形状。焊条电弧焊的缺点有：焊工的操作技能影响焊接质量，故焊条电弧焊对焊工操作要求高；焊工往往在高温、野外及有害烟尘等环境下工作，劳动强度大，劳动条件差；因焊条电弧焊需要频繁更换焊条，故生产效率低；不适用于特殊金属和薄壁结构的焊接。

（3）埋弧焊

埋弧焊是一种利用位于焊剂层下电极与焊件之间燃烧的电弧产生的热量熔化焊剂和母材金属的焊接方法。电极和焊件分别与焊接电源的输出端相连，电极由送进机构连续向覆盖焊剂的焊接区给送。连续送进的电极在一层可熔化的颗粒状焊剂覆盖下引燃电弧。电弧引燃后，焊剂、电极和母材在电弧热的作用下立即熔化并形成熔池。熔渣和由焊剂熔化所产生的气体共同保护熔池金属不与空气接触。随着电弧向前移动，电弧力将液态金属推向后方并逐步冷却凝固成焊缝。未熔化的焊剂具有隔离空气、屏蔽电弧光和热的作用。

埋弧焊的优点是生产效率高、焊接质量好、劳动条件好；埋弧焊的缺点是焊接位置受限、不便于观察、不适合薄焊件的焊接：埋弧焊使用较大电流焊接，故电弧的电场强度较高。焊接电流小于100A时，电弧稳定性较差，因此不适宜焊接厚度小于1mm的薄件。

（4）氩弧焊

氩弧焊是利用氩气作为保护气体的保护电弧焊。焊接式电弧在电极与焊件之间燃烧，氩气使金属熔池、熔滴及钨极端头与空气隔绝。氩气属惰性气体，不溶于液态金属，也不与金属发生化学反应，因此焊接质量高。

（5）钨极或熔化极气体保护焊

气体保护焊是利用气体作为保护介质的电弧焊，包括钨极惰性气体保护焊（TIG）和熔化极气体保护焊（GMAW）两大类。两者的差别在于所用的电极不同，前者用的是非熔化电极——钨棒，后者用的是熔化电极——焊丝。

钨极惰性气体保护焊是在惰性气体的保护下利用钨电极与工件间产生的电弧热熔化母材

和填充焊丝（如果使用填充焊丝）的一种焊接方法。钨极惰性气体保护焊按操作方式分为手工焊、半自动焊和自动焊。以手工钨极气体保护焊应用最广泛，其次是自动钨极气体保护焊，半自动钨极气体保护焊则很少应用。其特点是电弧稳定，输入能量易于控制，焊接质量高，对焊接位置和接头几何形状的适应性也较强。但因焊接电流受钨极许用电流的限制和向焊缝中添加填充金属不方便，这种方法焊接生产率低。

熔化极气体保护焊采用可熔化的焊丝（熔化电极）与焊件之间的电弧热作为热源来熔化焊丝与母材金属，并向焊接区输送保护气体，使电弧、熔化的焊丝、熔池及附近的母材金属免受空气影响的气体保护焊。它适宜于焊接各种金属材料。与钨极惰性气体保护焊相比，焊接生产率高许多倍。用细焊丝（一般直径小于1.6mm），小电流时，可用于各种位置的焊接；用粗焊丝，大电流时，则主要用于平焊位置。

9.2.2　焊接坡口

为了保证焊接质量，在焊接前需对工件焊接处进行加工，将板边缘铣出倒角，即开坡口。由于材料厚度和焊接质量要求的不同，其焊接接头形式与坡口形状也不尽相同，焊接坡口形式分为K形、Y形、I形、U形和X形等，常用焊接坡口的形式和尺寸见图9-3。焊接坡口的作用有：①使焊条、焊丝或焊机能直接伸到待焊工件的底部，保证根部焊透；②便于清理焊渣；③能使焊条或焊机在坡口内做必要的摆动，以获得良好的熔合。

| I形坡口 | Y形坡口 | U形坡口 | X形坡口 | K形坡口 |

图9-3　焊接坡口的形式和尺寸

9.2.3　焊接接头

焊接接头是由两个或两个以上零件用焊接组合或已经焊合的接点，主要有对接接头、T形接头、角接接头、搭接接头、卷边接头、端接接头、锁底对接接头等形式。对接接头是在焊接结构中应用最多的一种接头形式。

（1）对接接头

两焊件表面构成大于或等于135°、小于或等于180°夹角的接头，称为对接接头。常见对接接头如图9-4所示。从力学角度分析，对接接头是比较理想的一种接头形式，其受力状况较好，应力集中较小，能承受较大的静载荷或动载荷，是压力容器受压元件应用最多的接头形式。

（2）T形接头

一焊件的端面与另一焊件的表面构成直角或近似直角的接头，称为T形接头。焊接坡口形式为单边V形、I形、K形、U形及带钝边J形坡口等。T形接头如图9-5所示。T形接头由于焊缝向母材过渡较急剧，接头在外力作用下内部应力分布极不均匀，特别是角焊缝根部和过渡处都有很大的应力集中。因此这种接头承受载荷尤其是动载荷的能力较低。对于

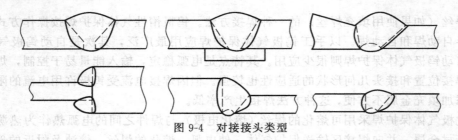

图 9-4　对接接头类型

重要的 T 形接头必须开坡口并焊透，或采用深熔深焊透，可大大降低应力集中。

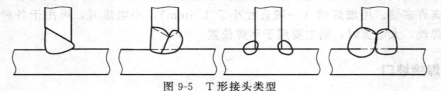

图 9-5　T 形接头类型

（3）角接接头

两焊件端部构成大于 30°、小于 135°夹角的接头，称为角接接头，如图 9-6 所示。

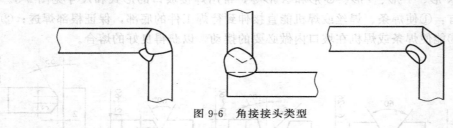

图 9-6　角接接头类型

（4）搭接接头

搭接接头是指两焊件部分重叠在一起所构成的接头，如图 9-7 所示。从焊缝形式有角焊缝、塞焊缝，焊接坡口形式有 I 形坡口、塞焊坡口。搭接接头的强度较低，仅用于不重要的场合。

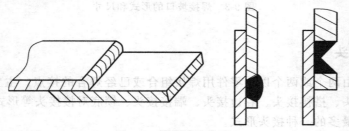

图 9-7　搭接接头类型

压力容器应用较多的是对接接头、T 形接头等。压力容器的裙座与筒体的连接，多采用搭接。对于接管与法兰、人孔与法兰的连接，在压力等级较高时采用对接接头，压力等级较低时采用角焊缝连接。

9.2.4　焊缝形式

焊件经焊接后所形成的结合部分，即填充金属与熔化的母材凝固后所形成的区域，称为焊缝。通常可分为对接焊缝和角焊缝。

在焊件的坡口面间或一焊件的坡口面与另一焊件端面间焊接的焊缝，称为对接焊缝，如

图 9-8 所示。两焊件结合面构成直角或接近直角所焊接的焊缝，称为角焊缝，如图 9-9 所示。如果一个焊接接头既有对接焊缝，又有角焊缝，则称为组合焊缝。

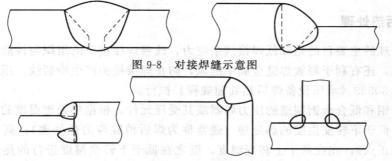

图 9-8　对接焊缝示意图

图 9-9　角焊缝示意图

连接对接接头的焊缝形式可以是对接焊缝，也可以是角焊缝或组合焊缝，但以对接焊缝居多。连接 T 形接头的焊缝形式有角焊缝、对接焊缝和组合焊缝。需要强调，不能混淆对接接头与对接焊缝、角接接头与角焊缝的概念。有的对接接头的焊缝形式是角焊缝，有的角接接头的焊缝形式是对接焊缝。

9.3　压力容器热处理

压力容器制造中的热处理可分为成型受压元件的恢复或达到规定力学性能的热处理、焊后热处理（PWHT）、改善材料力学性能热处理以及其他热处理。

9.3.1　恢复力学性能的热处理

（1）冷成型或中温成型受压元件的热处理

冷成型或中温成型的受压元件，当成型时的变形量较大时，会产生明显的冷加工硬化，使材料的强度、硬度提高，塑性、韧性降低，同时还会产生较大的内应力。为恢复材料的力学性能，消除或降低残余加工应力，必要时应对冷成型或中温成型的受压元件进行热处理。对于碳素钢和低合金钢制受压元件，这种热处理相当于再结晶退火或消除应力退火。

（2）热加工受压元件的热处理

热加工可能改变材料的供货状态，为确保受压元件的力学性能，应根据要求的钢材使用状态按以下原则对热加工的受压元件（如热成型的封头、筒体等）进行必要的热处理。

① 受压元件所用钢材要求的使用状态为热轧状态时，热加工后一般可在加工状态使用，必要时可在热加工时带随炉加热的工艺试板，以验证热加工后材料的力学性能。

② 若所用钢材要求在正火状态使用，热加工后，原则上应重新进行正火处理。如果热加工时的加热温度与钢材的正火温度相当（不应显著高于正火温度），且随炉加热的热加工工艺试板评定合格，可不作随后的正火处理。

③ 若所用钢材要求在正火加回火状态使用，热加工后原则上应重新进行正火加回火处理。如果热加工时的加热温度与钢材的正火温度相当，且随炉加热的热加工工艺试板经回火处理后评定合格，则该受压元件热加工后可仅作回火处理。

④ 对于调质状态使用的钢材，受压元件热加工后一般应重新进行调质处理。

⑤ 奥氏体不锈钢的热加工受压元件应控制热加工终温在 850℃ 以上，加工后应快冷（如

鼓风或喷水冷却）。如有晶间腐蚀倾向试验要求，热加工后应对工件本身或热加工工艺试板进行试验评定，若试验结果不合格，则应进行固溶处理或稳定化热处理。

9.3.2 焊后热处理

焊后热处理的主要目的是降低焊接残余应力，改善焊接接头的组织与性能。焊后若能立即进行热处理，还有利于释放焊缝金属中的氢，防止焊接接头产生冷裂纹。压力容器焊接热处理按 GB/T 30583《承压设备焊后热处理规程》执行。

对于碳素钢和低合金钢制造的压力容器或其受压元件，根据热处理温度的不同，焊后热处理可分为：低于下转变温度的热处理（通常称为焊后消除应力热处理）；高于上转变温度的热处理（如正火）；先在高于上转变温度，继之在低于下转变温度进行的热处理（正火或淬火后继之以回火）；上下转变温度之间的热处理。奥氏体不锈钢一般不作焊后热处理，必须进行热处理且有抗晶间腐蚀要求时，可进行固溶处理或稳定化热处理。

对于碳素钢和低合金钢，最常用的焊后热处理是低于下转变温度的热处理，即热处理的加热温度低于材料的下转变温度。热处理的主要目的是降低残余应力，稳定结构尺寸。由于热处理温度与材料的高温回火温度相当，对于有淬硬倾向的材料，此类热处理还能消除焊接接头中的淬硬组织，降低峰值硬度，改善焊接接头的塑性与韧性。

高于上转变温度的焊后热处理主要用于焊接接头，其目的是细化晶粒，改善焊接接头的性能。电渣焊缝的结晶组织是十分粗大的柱状晶粒，韧性较差，因此必须采用高于上转变温度的焊后热处理（如正火），使焊缝金属和母材全部奥氏体化，并通过控制加热温度和保温时间，防止奥氏体晶粒粗化，从而在冷却后获得均匀的细晶组织，达到改善焊接接头性能特别是韧性的目的。由于此类热处理的加热温度远高于消除应力热处理的温度，当然也能起到消除或降低焊接残余应力的作用。

要求在正火加回火状态使用的材料（如 18MnMoNbR、15CrMoR 等），其焊接接头或先拼板然后进行热成型的受压元件，通常要求在正火（或相当于正火的热成型）后再进行回火处理，对于焊接接头来说，这样的热处理就属于先在高于上转变温度，继之在低于下转变温度进行的焊后热处理。

9.3.3 消氢处理

消氢处理就是在焊后立即将焊缝及其邻近的母材加热到较高温度，提高氢在钢中的扩散系数，使焊缝金属中过饱和状态的氢原子加速扩散逸出到大气中，从而防止冷裂纹的产生。对于冷裂纹敏感性较大的低合金钢（如 $R_m > 540MPa$ 的高强度钢）和拘束度较大的焊件（如厚度大于 38mm 的低合金钢球壳、嵌入式接管与球壳的对接接头等），以及焊接试验确定需作消氢处理的焊接接头，应在焊后进行消氢处理。消氢处理必须在焊后立即进行。消氢处理的温度一般为 200～350℃，保温时间与焊接接头的厚度有关，一般应不少于半小时。有消氢处理要求的焊接接头，如果焊接结束后立即进行焊后热处理，则可免做消氢处理。

9.3.4 改善材料力学性能热处理

9.3.4.1 高压紧固件的热处理

高压紧固件，特别是高压容器的螺柱，通常采用 40MnB、40Cr、35CrMoA、25Cr2MoVA

和 40CrNiMoA 等合金调质钢。此类紧固件应通过调质处理（即淬火加高温回火）达到要求的力学性能。调质处理前应对坯料进行机械粗加工，必要时（例如坯料硬度过高，难以进行切削加工），还应在机械粗加工前对坯料进行预备热处理（退火或正火加回火），以降低硬度，便于切削加工，并使坯料的组织细化、均匀。

9.3.4.2　热处理试件

为使受压元件达到规定的力学性能而进行的热处理，如高压容器螺柱的调质处理以及要求在正火、正火加回火或调质状态使用的热加工受压元件的热处理，如果无法直接从热处理后的工件上割取力学性能试样，则必须制备热处理试件，以检查受压元件在热处理后是否达到要求的力学性能。对于钢板制造的受压元件，母材热处理试板应与受压元件一起进行热处理。试板的尺寸应满足力学性能试样的取样（包括复验取样）要求，且不应小于 $3t \times 3t \times t$，其中 t 为钢板厚度。对于热处理后需做力学性能试验的紧固件，应按批做热处理试样。每批系指具有相同钢号、相同炉罐号、相同断面尺寸、相同制造工艺、同时投产的同类紧固件。

9.3.4.3　奥氏体不锈钢的固溶与稳定化热处理

（1）固溶处理

固溶处理是防止奥氏体不锈钢晶间腐蚀的重要手段。固溶处理就是将奥氏体不锈钢材料或零件加热到 $1010 \sim 1120$℃左右（具体温度随钢种而异），经适当保温，使碳化物都溶入奥氏体，然后快速冷却（通常是水冷）至室温，获得单相奥氏体组织。由于固溶处理可消除晶界的贫铬问题，因此能有效防止奥氏体不锈钢的晶间腐蚀。在压力容器制造中，固溶处理主要用于奥氏体不锈钢的热加工受压元件（如热成型封头）。通过固溶处理，使热加工过程中沿晶界析出的铬的碳化物重新固溶于奥氏体中。冷成型的奥氏体不锈钢受压元件，如果成型时变形量过大或因应力腐蚀问题需要进行热处理时，应优先采用固溶处理，以消除残余应力，恢复材料的塑性与韧性，提高材料的耐腐蚀性。

需要指出的是，经过固溶处理的奥氏体不锈钢材料或零件，如果在随后的加工过程中再次在 $450 \sim 850$℃的温度范围长期停留，则奥氏体晶界处会重新析出铬的碳化物。由于在压力容器的制造过程中，材料不可避免需经受 $450 \sim 850$℃温度的加热（如焊接），又难以对整台完工的压力容器进行固溶处理，因此，对于有较高抗晶间腐蚀要求的奥氏体不锈钢容器，应采用超低碳或含有 Ti、Nb 等稳定化元素的奥氏体不锈钢材料。对于含有稳定化元素的奥氏体不锈钢的热成型或冷成型受压元件，如需进行热处理且有晶间腐蚀试验要求时，一般应采用稳定化热处理或固溶处理加稳定化热处理。

（2）稳定化热处理

稳定化热处理适用于含有稳定化元素（通常为 Ti 或 Nb）的奥氏体不锈钢。稳定化热处理是将此类不锈钢材料或零件加热到某一温度范围（通常为 $850 \sim 900$℃），经充分保温后，使钢中的碳与 Ti 或 Nb 结合生成 TiC 或 NbC，从而防止碳化铬的析出和晶界的贫铬问题。必须指出，含有稳定化元素的奥氏体不锈钢只有经过稳定化热处理，才能发挥稳定化元素的作用，防止材料在敏化温度范围加热时析出铬的碳化物，从而防止晶间腐蚀。

（3）晶间腐蚀试件

对于有晶间腐蚀试验要求的奥氏体不锈钢材料或零件，应在固溶处理或稳定化热处理后，从材料或工件上割取试样进行图样要求的晶间腐蚀试验。如果无法从工件上割取试样，则应制备热处理试件，试样应与工件一起进行热处理，通过试件的晶间腐蚀试验来验证热处理后工件的抗晶间腐蚀性能。

9.4 压力容器无损检测

无损检测是指在不损坏检测对象的前提下，以物理或化学方法为手段，借助先进的器材，按照规定的技术要求，对检测对象的内部及表面的结构、性质、状态进行检查和测试，并对结果进行分析和评价。无损检测不仅要求发现缺陷，还要求获取更全面、准确、综合的信息，例如缺陷的分布、形状、尺寸、位置、取向、内含物、缺陷部位的组织、残余应力等。

压力容器常用的无损检测方法有目视检验（VT）、射线检测（RT）、超声检测（UT）、磁粉检测（MI）、渗透检测（PT）、声发射检测、衍射时差超声波检测等。其中，射线检测和超声检测主要用于探测检测对象内部缺陷，目视检验、磁粉检验和渗透检验主要用于探测检测对象表面缺陷。由于各种检测方法均具有一定的特点，不能适用于所有工件和所有缺陷，因此应根据实际情况，选择合适的无损检测方法。

9.4.1 射线检测

射线检测是利用某种射线来检查焊缝或母材内部缺陷的一种方法。常用的射线有 X 射线和 γ 射线两种。X 射线和 γ 射线能不同程度地透过金属材料，对照相胶片产生感光作用。利用这种性能，当射线通过被检查的焊缝时，因焊缝缺陷对射线的吸收能力不同，使射线落在胶片上的强度不一样，胶片感光程度也不一样，这样就能准确、可靠、非破坏性地显示缺陷的形状、位置和大小。

射线检测的能力范围：能检测出焊接接头中存在的未焊透、气孔、夹渣、裂纹和坡口未熔合等缺陷；能检测出铸件中存在的缩孔、夹杂、气孔和疏松等缺陷；能确定缺陷平面投影的位置、大小以及缺陷的性质；射线透照厚度主要由射线能量确定。

射线检测的局限性：较难检测出厚锻件、管材和棒材中存在的缺陷；较难检测出 T 形焊接接头和堆焊层中存在的缺陷；较难检测出焊缝中存在的细小裂纹和层间未熔合；当承压设备直径较大时，采用 γ 射线源进行中心曝光法时较难检测出焊缝中存在的面状缺陷；较难确定缺陷深度位置和自身高度。

压力容器的射线检测技术具体要求应按 NB/T 47013.2 的规定执行。

9.4.2 超声检测

超声检测技术的工作原理是利用超声波在介质中传播和反射时会出现衰减的现象，从而检测压力容器表面存在的问题。因此，在实践过程中，根据探头扫查方式的不同，超声波检测技术可以应用于压力容器的高压螺栓与锻件部位和焊缝内部情况的检测。超声波检测技术的操作简单、方便、穿透力强、检测成本低，在实际应用中的应用具有广泛性。

超声检测的能力范围：能检测出原材料（板材、复合钢板、管材、锻件等）和零部件中存在的缺陷；能检测出焊接接头内存在的缺陷，面状缺陷检出率较高；超声穿透能力强，可用于大厚度（100mm 以上）原材料和焊接接头的检测；能确定缺陷的位置和相对尺寸。

超声检测的局限性：较难检测粗晶材料和焊接接头中存在的缺陷；缺陷位置、取向和形状对检测结果有一定的影响；A 型显示检测不直观，检测记录信息少；较难确定体积状缺陷或面状缺陷的具体性质。

压力容器的超声检测技术具体要求应按 NB/T 47013.3 的规定执行。

9.4.3 磁粉检测

磁粉检测是以磁粉做显示介质对缺陷进行观察的方法。铁磁性材料工件被磁化后，由于不连续性的存在，使工件表面和近表面的磁力线发生局部畸变而产生漏磁场，吸附施加在工件表面的磁粉，在合适的光照下形成目视可见的磁痕，从而显示出不连续性的位置、大小、形状和严重程度。

磁粉检测的能力范围：能检测出铁磁性金属材料表面开口缺陷和近表面缺陷。

磁粉检测的局限性：较难检测几何结构复杂的工件；不能检测非铁磁性材料。

压力容器的磁粉检测技术具体要求应按 NB/T 47013.4 的规定执行。

9.4.4 渗透检测

渗透检测是利用毛细现象，通过渗透液、显像剂对压力容器的表面缺陷进行检查的一种无损检测方法。因此，渗透检测技术只应用于压力容器表面出现裂缝、开口等情况的无损检测。根据实际应用，可以发现渗透检测技术具有操作非常简单、仪器设备使用轻便、检测成本低、检测结果形象直观的特点，因此，在压力容器表面出现缺陷较小的情况，渗透检测技术非常适用。

渗透检测的能力范围：能检测出金属材料中表面开口缺陷，如气孔、夹渣、裂纹、疏松等缺陷。

渗透检测的局限性：较难检测多孔材料。

压力容器的磁粉检测技术具体要求应按 NB/T 47013.5 的规定执行。

9.4.5 声发射检测

声发射检测是通过接收和分析材料的声发射信号来评定材料性能或结构完整性的无损检测方法，是一种动态的无损检测方法。根据声发射信号对应的裂纹情况，可以有效地判断裂纹所在的区域和裂纹的状态，以长时间对压力容器在使用过程中进行安全检测，提高压力容器的安全性。声发射检测技术一般被应用于压力容器内部的无损检测。压力容器的磁粉检测技术具体要求应按 NB/T 47013.9 的规定执行。

9.5 压力容器制造监督检验

压力容器的制造监督检验，简称监检。监检是在压力容器制造单位的质量检验、检查与试验合格的基础上进行的过程监督和满足基本安全要求的符合性验证。监检属于法定强制性检验。监检由制造所在地的省级质量技术监督局的特种设备安全监察机构授权有相应资格的检验机构承担。

实施制造监检的产品包括整体出厂的压力容器；现场制造、现场组焊、现场黏结的压力容器；单独出厂并且具有焊缝筒节、封头、球壳板或采用焊接方法连接的换热管束。

制造监检是依据《特种设备安全法》、《特种设备安全监察条例》、TSG 21—2016《固容规》、产品标准、技术合同、设计图样以及技术条件和相关的监督检验工艺进行。其中产品标准、技术合同、设计图样以及技术条件等是由制造单位提供，制造单位要对所提供资料的真实性负责。

9.5.1 监检程序

压力容器制造监检程序一般按下列步骤进行：

① 受检单位约请监检机构并且签署监检工作协议，明确双方的责、权和义务；

② 监检员审查设计文件、工艺文件、质量计划等技术文件后，确定监检项目和监检类别并告知受检单位；

③ 监检员根据确定的监检项目，实施过程监检，填写监检记录等工作见证；

④ 监检合格后，监检员在产品铭牌上打监检钢印（或在合格证书上盖注监检标志）；

⑤ 监检机构出具监检证书。

9.5.2 监检内容

压力容器制造工序对成品安全性能会产生影响，监检按产品制造工序进行。

检验员可从下面几个方面进行审查，识别出制造过程对安全性能的影响程度，并结合受检单位的质量保证体系实施状况，在受检单位提供的产品质量计划中确定监检项目。

（1）文件审查

在产品制造前监检员对设计文件、工艺文件进行审查，了解产品的技术参数、结构特点及实现这一产品的过程要素。

① 设计文件审查，其要点是审查设计单位资质、设计总图及设计变更（含材料代用）的批准手续；图样工艺审图的见证资料；设计文件的齐全性；设计总图上法规、标准的有效性；注明的技术要求与 TSG 21 规程和产品标准的符合性。

② 焊接工艺文件审查，其要点是审查 WPS（焊接工艺规程）和"产品焊缝识别卡"的编、审、批程序、焊接工艺规程与依据的焊接工艺评定的符合性、产品焊缝识别卡是否涵盖了 NB/T 47015—2011 第 3.4.1 条规定的所有焊缝，是否对于每个焊缝都制定了适用的WPS，WPS 的内容是否涵盖了 NB/T 47014—2011 所定义的以及设计文件所规定的所有重要因素、补加因素（有冲击试验要求时）和次要因素；每一份 WPS 是否都引用了相应的PQR（焊接工艺评定报告）。

③ 热处理工艺文件审查，其要点是审查成型受压元件的恢复性能热处理、改善材料性能热处理和恢复材料供货状态的热处理相应的热处理工艺文件和批准手续的符合性。

④ 质量计划审查，一般来说受检单位应按台编制质量计划，监检员基于对产品结构、材料、制造和检验特点以及设计单位在《风险评估报告》中提到的损伤模式，结合设计文件、工艺文件审查、焊接文件和热处理工艺文件的审查，在质量计划中明确所监检的项目和监检点的类别。基本的监督检验项目有：主要受压元件材料验收；焊接工艺评定；产品焊接试件、热处理试件检验与试验；无损检测；焊后热处理等特殊过程；外观与几何尺寸检验；耐压试验和泄漏试验；设计总图中规定的特殊技术要求；以及采用 TSG 21 规程及产品标准中没有规定的新材料、新工艺的质量控制要求。这里只列出了通用的监检项目，这些项目的监检点不低于 TSG 21 的要求，并要满足检验工艺的要求。

（2）材料监检

材料监检包括材料验收、材料标记移植和材料代用的监检。

　　材料验收监检，要求检验员审查主要受压元件材料质量证明书原件或者加盖材料经营单位公章和经办负责人章的复印件，审查材料化学成分、力学性能等技术指标与 TSG 21—2016《固容规》规程、设计总图规定的材料验收标准的符合性；TSG 21 将材料标准抗拉强度下限值大于 540MPa 的低合金钢钢板、奥氏体-铁素体不锈钢钢板、低温压力容器用钢板、有色金属及受检单位首次施焊的材料规定为特殊材料。对于特殊材料的验收监检不仅要进行资料审查，还需要进行现场抽查材料的外观和标记，现场抽查数量按每台产品至少抽查一张钢板计。当主要受压元件为外协件或者外购件，并且未实施监督检验时，按受压元件材料验收要求实施监检；当主要受压元件为外协件或者外购件，并且已实施监督检验时，审查外协件和外购件验收的见证资料和《监检证书》、当主要受压元件需要进行材料复验、无损检测时，要审查材料复验报告、无损检测报告。

　　材料标记移植监检，要求检验员根据受检单位质量保证体系实施状况和压力容器的材料种类，确定主要受压元件材料标志移植的现场抽查数量。当主要受压元件用材料为特殊材料时，应现场抽查材料标志移植情况，至少包括一节筒体和一个封头（对于分片出厂的容器，至少抽查 2 个球片）。

　　材料代用监检，制造过程中可能存在受压元件材料代用问题，监检员应审查原设计单位的书面批准文件。

　　（3）组对质量的监检

　　监检员审查受检单位的组对质量检验记录，核实包括组对精度、坡口表面质量、坡口间隙等组对质量是否满足 TSG 21、产品标准和设计总图的规定。对于分段出厂的压力容器，如果出厂前在受检单位内进行预组装，监检员应现场抽查预组对质量；如未规定进行预组装，应抽查现场组焊的环缝对口处的直径、圆度及坡口质量。当分多段出厂时，可以只抽查其中一道焊口；对于现场组焊的压力容器，应按组对焊接接头总数的 10% 且不少于 1 条现场抽查组对质量；对于现场制造的圆筒形容器，监检员应至少抽查一条纵向接头和一道环向接头（优先选择封头与筒节的环向接头）；现场制造的球罐，应在组对完成后抽查组对质量，应至少抽查赤道带、上下极板的拼接接头各 1 条。

　　（4）焊接工艺评定监检

　　监检员应当对焊接工艺的评定过程进行监检。审查焊接工艺评定程序、检查焊接工艺评定试件制取、审查焊接工艺评定的力学性能、弯曲、冲击等试验报告。监检员完成焊接工艺评定的监检后，在焊接工艺评定报告（PQR）和焊接工艺规程（WPS）上签字确认。

　　（5）焊接过程监检

　　监检员抽查焊工资格、实际施焊的工艺参数和焊接工艺规程的符合性，抽查的范围至少包括要涵盖筒体环缝、球壳纵缝、开孔接管的环缝、接管与筒体或封头的焊缝以及封头或管板的拼接缝。焊接记录的审查当主要受压元件用材料是特殊材料时，监检员还应当对焊接过程进行现场抽查，抽查范围：①整体出厂的压力容器或单独出厂焊接受压元件或部件以及现场组焊的压力容器，至少要包括一条焊缝。②现场制造的压力容器，应在焊接初期和焊接工程量达到一半左右时各进行 1 次抽查。对于圆筒形容器，每次至少抽查筒体纵、环向焊接接头各 1 条；对于球罐，每次至少抽查 1 条球壳板对接接头。

　　（6）返修过程控制监检

　　制造过程中如果产生焊接返修，监检员应审查超次返修的批准手续，以及返修工艺和评定合格的焊接工艺规程的符合性。

(7) 产品焊接试件监检

监检员审查焊接试件制备的方法和数量与 TSG 21 规程及产品标准、设计文件规定的符合性；当压力容器需要进行焊后热处理时，还应当检查产品焊接试件与实际产品热处理工艺的一致性；在制取拉伸、弯曲、冲击试样前，现场检查焊接产品焊接试件的焊接过程，并且标注监检标记；审查产品焊接试件的试验报告。

(8) 无损检测监检

无损检测（NDE）监检包括无损检测记录与报告审查和射线底片抽查。

焊接接头无损检测记录与报告审查要点：NDE 人员资格的有效性、NDE 工艺和 NDE 报告的批准手续、NDE 的时机、比例、部位、执行的技术标准和评定级别与 TSG 21 及其产品标准、设计文件规定的符合性。

射线底片审查要点：监检员根据压力容器焊接结构复杂程度和材料的焊接性，确定射线底片审查的数量和部位，审查射线底片质量及评定与 TSG 21 规程及产品标准和设计总图规定的符合性。射线底片抽查的数量（按片位计）和部位至少包括：交叉焊缝、返修及扩探部位、采用不可记录的脉冲反射法超声检测而附加的局部射线检测的底片；对于特殊材料、铬钼钢制压力容器，审查数量不低于 TSG 21 的规定。

(9) 热处理监检

热处理监检要点：审查热处理报告的批准手续、热处理记录曲线、热处理报告与热处理工艺的符合性。当现场组焊或者现场制造的压力容器焊后热处理时，应审查现场热处理方案，检查热电偶的布置和热处理温度数据采集情况。当需要制备热处理试件时，检查试件摆放的区域是否符合热处理方案、安全技术规范、产品标准和设计总图的规定。

(10) 外观与几何尺寸监检

在耐压试验前监检员根据受检单位提供焊缝布置图、外观与几何尺寸检验记录和报告现场重点抽查：焊缝布置情况；母材表面机械损伤情况和焊接接头的表面质量，抽查部位至少应当包括封头及与封头相连筒节的母材表面和对接焊接接头（无封头时随机抽查一个筒节的母材表面和对接焊接接头）；对于按疲劳分析设计的压力容器、低温压力容器和有应力腐蚀的压力容器，还应当检查纵、环焊缝的余高是否按规定予以去除，焊缝表面是否与母材表面平齐或者圆滑过渡；热交换器管板与换热管的胀接质量等。

(11) 耐压试验和泄漏性试验监检

受检单位应当保证压力容器在耐压试验前的工序及检验已全部完成，耐压试验与泄漏试验的准备工作符合 TSG 21 及产品标准、设计总图规定的制造技术条件的要求。监检员应当按时到达试验现场，现场见证压力试验过程，检查确认耐压试验用介质、试验温度、试验压力和保压时间是否符合制造工艺文件的要求，并确认耐压试验过程中是否有渗漏、可见的变形或异常的响声。

监检员应审查泄漏试验的试验方法和试验报告是否符合制造工艺文件的要求，对于设计文件注明介质毒性程度为极度、高度危害或者不允许有微量泄漏的压力容器的泄漏性试验，监检员还需进行现场确认试验结果。

(12) 产品铭牌的检查

产品铭牌反映的是压力容器的身份信息，铭牌的内容一般不少于 TSG 21 附录 C 的规定，铭牌中设备代码是设备具有唯一性标识。

监检标志有两种：打监检钢印或者盖注监检标志。当监检产品为整体出厂、现场组焊或者现场制造的压力容器时，在产品铭牌上打上监检钢印；当监检产品为焊接部件、分段

（片）出厂的压力容器时，监检员在产品合格证上盖注监检标志（CS 或 TS 印章）。

（13）出厂资料审查

出厂（竣工）资料的审查至少包括内容：①竣工图样、压力容器产品合格证（含产品数据表）和质量证明文件的批准手续的齐全性；②设计修改、变更、材料代用的批准手续符合规定并且在竣工图上清晰标注；③安全泄放装置出厂质量证明书及其校验报告是否有效，检查其制造单位是否持有特种设备制造许可证。

（14）监检证书

经监检合格的产品，监检员应按台出具《监检证书》。检验机构及其检验人员应当客观、公正、及时地出具检验报告，并对检验结果结论负责。

9.6 压力容器的使用管理

TSG 08—2017《特种设备使用管理规则》是特种设备使用管理的综合规范，依据《特种设备安全法》等法律、法规的规定，明确了特种设备使用单位的职责，提出了特种设备使用管理的基本要求和特种设备使用登记程序。

9.6.1 使用单位主体责任和主要义务

压力容器使用单位应当按照 TSG 08—2017 的规定，负责本单位压力容器的安全与节能管理，并承担压力容器的安全与节能主体责任。

压力容器使用单位主要义务就是：建立并有效实施压力容器安全管理制度以及操作规程；采购、使用取得许可生产并经检验合格的压力容器，不得采购超过设计使用年限的压力容器，禁止使用国家明令淘汰和已经报废的压力容器；设置压力容器安全管理机构，配备相应的安全管理人员和作业人员，建立人员管理台账，开展安全与节能教育，保存人员培训记录；对使用的压力容器办理使用登记，领取特种设备使用登记证；建立压力容器设备台账及技术档案；对压力容器作业人员进行作业情况检查，及时纠正违章作业行为；对在用的压力容器进行经常性维护保养和年度检查及时排查和消除事故隐患，对在用的安全附件、安全保护装置及其附属仪表进行定期校验、检修；制定压力容器事故应急专项预案，定期进行应急演练；发生事故及时上报，配合事故调查处理；保证压力容器安全必要的投入；接受特种设备安全监管部门依法实施的监督检查。

压力容器安全管理人员和操作人员应当持有相应的特种设备作业人员资格证书。其主要职责是：严格执行安全管理制度，并按操作规程进行操作；按规定填写作业、交接班记录；参加安全教育和技能培训；进行经常性维护保养，对发现的异常情况及时处理，并作出记录；作业过程中发现事故隐患或其他不安全因素，应当采取应急措施，并及时报告；参加应急演练，掌握相应的应急处置技能。

9.6.2 压力容器安全与节能技术档案

压力容器的使用单位，应当逐台建立压力容器安全与节能技术档案，并由其管理部门统一保管。安全与节能技术档案应包括以下内容：

① 特种设备使用登记证；

② 特种设备使用登记表；

③ 规定的压力容器设计、制造技术资料和文件；

④ 压力容器年度检查记录（报告）和定期检验报告；

⑤ 压力容器维修和技术改造的方案、图样、材料质量证明书施工质量证明文件、维修改造监督检验报告、验收报告等技术资料；

⑥ 压力容器日常使用状况记录；

⑦ 压力容器及其附属仪器仪表维修保养记录；

⑧ 压力容器安全附件和安全保护装置校验、检修、更换记录和有关报告；

⑨ 压力容器运行故障和事故记录及事故处理报告。

9.6.3　压力容器安全管理制度和操作规程

压力容器使用单位应当按照特种设备相关法律、法规和安全技术规范的要求，建立健全压力容器使用安全管理制度。安全管理制度主要包括以下内容：

① 压力容器安全管理机构和相关人员岗位职责；

② 压力容器经常性维护保养、定期自行检验和有关记录制度；

③ 压力容器使用登记、定期检验管理制度；

④ 压力容器隐患排查治理维修制度；

⑤ 压力容器的安全管理人员与作业人员管理与培训和考核制度；

⑥ 压力容器采购、改造、修理、报废等管理制度；

⑦ 压力容器应急救援管理制度；

⑧ 压力容器的事故报告与处理制度；

⑨ 高耗能压力容器节能管理制度。

使用单位应当根据压力容器的运行特点等，制定操作规程。操作规程至少包括：压力容器操作工艺参数、操作程序和方法、维护保养要求、安全注意事项、巡回检查和异常情况处置规定，以及相应的记录等。

9.6.4　压力容器的维护保养、年度检查

（1）经常性维护保养

压力容器使用单位应当对压力容器及其安全附件、安全保护装置、测量调控装置、附属仪器仪表进行日常维护保养，对发现的异常情况，应当及时处理并且记录。

（2）年度检查

为了保证压力容器的安全运行，压力容器使用单位应当对压力容器进行定期自行检查，检查的时间、内容和要求应当符合安全技术规范的要求，至少包括压力容器安全管理情况检查、压力容器本体及运行状况检查和压力容器安全附件检查等。检查工作完成后，检查人员应根据实际检查情况出具检查报告，并给出"符合要求"或"基本符合要求"或"不符合要求"的结论。对检查中发现的压力容器安全隐患应及时消除或停止使用。

9.6.5　异常情况处理

压力容器发生以下异常情况之一时，操作人员应当立即采取紧急措施，并且按照规定的报告程序，及时向有关部门报告。使用单位应对出现故障或发生异常情况的压力容器及时进行全面检查，查明故障和异常情况的原因，并及时采取有效措施，必要时停止运行，安排检

验、检测，不得带病运行、冒险作业，待故障、异常情况消除后，方可继续使用。

9.6.6 达到设计年限的压力容器

对于已经达到设计使用年限的压力容器，或者未规定设计使用年限，但是使用超过 20 年的压力容器，如果要继续使用，使用单位应当按照安全技术规范和相关产品标准的要求，经检验或者安全评价合格，由使用单位安全管理负责人同意、主要负责人批准。办理使用登记变更后，方可继续使用。允许继续使用的，应当采取加强检验、检测和维护保养措施，确保安全使用。

9.6.7 应急预案与事故处理

压力容器使用单位应制定压力容器事故专项应急预案，每年至少演练一次，并作出记录。如压力容器发生事故后，应当根据应急预案，立即采取应急措施，组织抢救，防止事故扩大，减少人员伤亡和财产损失，并按《特种设备事故报告和调查处理规定》的要求，向特种设备安全监管部门和有关部门报告，同时配合事故调查和做好善后工作。

9.6.8 压力容器使用登记

压力容器的使用单位，在压力容器投入使用前或者投入使用后 30 天内，应到所在地特种设备安全监管部门申请办理使用登记。登记标志放置位置应符合有关规定。

9.7 压力容器定期检验

9.7.1 定期检验目的及检验周期

压力容器定期检验（简称定检），是指特种设备检验机构按照一定时间周期，在设备停机时，按照相关安全技术规范的规定对在用压力容器安全状况所进行的符合性验证活动。根据《特种设备安全法》和《特种设备安全监察条例》的有关规定，特种设备必须按照相应安全技术规范的规定进行定期检验，未在检验有效期内的特种设备不得投入使用。

投用后的压力容器因压力、介质和温度的影响或多或少都会产生一定缺陷。缺陷的存在最初并不一定会危及压力容器的安全运行，它有一个扩展的过程，直至达到不允许存在的程度。通过定期检验并对在用压力容器的安全状况进行评定，安全状况分为 1～5，5 个等级，1 级安全状况最好，5 级存在危及安全运行的缺陷，应该对缺陷进行处理，否则不得继续使用。对应不同安全状况等级给定的检验周期（下次检验时间）是不同的。对金属制压力容器，安全状况等级为 1、2 级的，一般每 6 年检验一次；安全状况等级为 3 级的，一般每 3～6 年检验一次；安全状况等级为 4 级的，监控使用，检验周期不超过 1 年，累计监控使用时间不超过 3 年，期间必须对缺陷进行处理。

自 2016 年 10 月 1 日始，固定压力容器定期检验是依据 TSG 21—2016《固容规》第 8 节的要求进行检验。其余移动式压力容器、氧舱、气瓶的检验按各自依据的安全技术规范进行。

9.7.2 定期检验内容

金属压力容器定期检验项目，以宏观检验、壁厚测定、表面缺陷检测、安全附件及仪表检验为主，必要时增加埋藏缺陷检测、材料分析、密封紧固件检验、强度校核、耐压试验、泄漏试验等项目。

（1）宏观检验

宏观检验主要是采用目视方法，必要时利用内窥镜、放大镜或者其他辅助仪器设备、测量工具，检验压力容器本体结构、几何尺寸、表面情况如裂纹、腐蚀、泄漏、变形，以及焊缝、隔热层、衬里等，其中结构和几何尺寸的检验项目应当在首次全面检验时进行，以后定期检验仅对承受疲劳载荷的压力容器进行，并且重点是检验有问题部位的新生缺陷。

宏观检验一般包括以下内容：

① 结构检验，包括封头型式，封头与壳体的连接，开孔位置及补强，纵、环焊缝的布置及型式，支承或者支座的型式与布置，排放疏水、排污装置的设置等；

② 几何尺寸检验，包括筒体同一断面上最大内径与最小内径之差，纵环焊缝对口错边量、棱角度、咬边、焊缝余高等；

③ 外观检验，包括铭牌和标志，容器内外表面的腐蚀，主要受压元件及其焊缝裂纹、泄漏、鼓包、变形、机械接触损伤、过热、工卡具焊迹、电弧灼伤，法兰、密封面及其紧固螺栓，支承、支座或者基础的下沉、倾斜、开裂，地脚螺栓，直立容器和球形容器支柱的铅垂度，多支座卧式容器的支座膨胀孔，排放疏水、排污装置和泄漏信号指示孔的堵塞、腐蚀、沉积物等情况；

④ 隔热层的破损、脱落、潮湿，有隔热层下容器壳体、封头腐蚀倾向或者产生裂纹可能性的应当拆除隔热层进一步检验；衬里层的破损、腐蚀、裂纹、脱落，查看检查孔是否有介质流出；发现衬里层穿透性缺陷或者有可能引起容器本体腐蚀的缺陷时，应当局部或者全部拆除衬里，查明本体的腐蚀状况和其他缺陷；堆焊层的裂纹、剥离和脱落。

（2）壁厚测定

一般采用超声测厚方法进行壁厚测定。测定位置应当具有代表性，有足够的测点数。测定后标图记录，对异常测厚点做详细标记。厚度测点，一般选择以下位置：

① 液位经常波动的部位；

② 物料进口、流动转向、截面突变等易受腐蚀、冲蚀的部位；

③ 制造成型时壁厚减薄部位和使用中易产生变形及磨损的部位；

④ 接管部位；

⑤ 宏观检验时发现的可疑部位。

壁厚测定时，如果发现母材存在分层缺陷，应当增加测点或者采用超声检测，查明分层分布情况以及与母材表面的倾斜度，同时作图记录。

（3）表面缺陷检测

应当采用 NB/T 47013 中的磁粉检测或渗透检测方法进行容器表面缺陷检测。铁磁性材料制压力容器的表面检测应当优先采用磁粉检测。表面缺陷检测的要求如下：

① 碳钢低合金钢制低温压力容器、存在环境开裂倾向或者产生机械损伤现象的压力容器、有再热裂纹倾向的压力容器、Cr-Mo 钢制压力容器、标准抗拉强度下限值大于 540MPa 的低合金钢制压力容器、按照疲劳分析设计的压力容器、首次定期检验的设计压力大于或者等于 1.6MPa 的第Ⅲ类压力容器，检测长度不少于对接焊缝长度的 20%；

② 应力集中部位、变形部位、宏观检验发现裂纹的部位，奥氏体不锈钢堆焊层，异种钢焊接接头、T 形接头、接管角接接头、其他有怀疑的焊接接头，补焊区、工卡具焊迹、电弧损伤处和易产生裂纹部位应当重点检验；对焊接裂纹敏感的材料，注意检验可能出现的延

迟裂纹；

③ 检测中发现裂纹，检验人员应当扩大表面无损检测的比例或者区域，以便发现可能存在的其他缺陷；

④ 如果无法在内表面进行检测，可以在外表面采用其他方法对内表面进行检测。

（4）埋藏缺陷检测

采用 NB/T 47013 中的射线检测或者超声检测等方法进行埋藏缺陷检测。已进行过埋藏缺陷检测的，使用过程中如果无异常情况，可以不再进行检测。超声检测包括衍射时差法超声检测 TOFD、可记录的脉冲反射法超声检测和不可记录的脉冲反射法超声检测。有下列情况之一时，由检验人员根据具体情况确定采用的无损检测方法及比例，必要时，可以用 NB/T 47013 中的声发射判断缺陷的活动性：

① 使用过程中补焊过的部位；

② 检验时发现焊缝表面裂纹，认为需要进行焊缝埋藏缺陷检测的部位；

③ 错边量和棱角度超过产品标准要求的焊缝部位；

④ 使用中出现焊接接头泄漏的部位及其两端延长部位；

⑤ 承受交变载荷压力容器的焊接接头和其他应力集中部位；

⑥ 使用单位要求或者检验人员认为有必要的部位。

（5）材料分析

根据具体情况，可以采用化学分析或者光谱分析、硬度检测、金相分析等方法进行材料分析。材料分析按照以下要求进行：

① 材质不明的，一般需要查明主要受压元件的材料种类和牌号；对于第Ⅲ类压力容器以及有特殊要求的压力容器，必须查明材质；

② 有材质劣化倾向的压力容器，应当进行硬度检测，必要时进行金相分析；

③ 有焊缝硬度要求的压力容器，应当进行硬度检测。

（6）主螺栓检验

M36 以上（含 M36）的设备主螺栓在逐个清洗后，检验其损伤和裂纹情况，必要时进行无损检测，重点检测螺纹及过渡部位有无环向裂纹。

（7）强度校核

对腐蚀（及磨蚀）深度超过腐蚀裕量、名义厚度不明、结构不合理（并且已经发现严重缺陷），或者检验人员对强度有怀疑的压力容器，应当进行强度校核。对不能以常规方法进行强度校核的，可以采用应力分析或者实验应力测试等方法校核。强度校核的原则如下：

① 原设计已明确所用强度设计标准的，可以按照该标准进行强度校核；

② 原设计没有注明所依据的强度设计标准或者无强度计算的，原则上可以根据用途（例如石油、化工、冶金、轻工、制冷等）或者结构型式（例如球罐、废热锅炉、搪玻璃设备、换热器、高压容器等），按照当时的有关标准进行强度校核；

③ 进口或者按照境外规范设计的，原则上仍然按照原设计规范进行强度校核；如果设计规范不明，可以参照境内相应的规范；

④ 材料牌号不明并且无特殊要求的压力容器，按照同类材料的最低强度值进行强度校核；

⑤ 焊接接头系数根据焊接接头的实际结构型式和检验结果，参照原设计规定选取；

⑥ 剩余壁厚按照实测最小值减去至下次检验日期的腐蚀量，作为强度校核的壁厚；

⑦ 校核用压力应当不小于压力容器允许监控使用压力；

⑧ 强度校核时的壁温取设计温度或者操作温度，低温压力容器取常温；

⑨ 壳体、封头直径按照实测最大值选取；

⑩ 塔、球罐等设备进行强度校核时，还应当考虑风载荷、雪载、地震载荷等附加载荷。

（8）安全附件检验

安全附件检验的主要内容如下：

① 安全阀，检验是否在校验有效期内；

② 爆破片装置，检验是否按期更换；

③ 快开门压力容器的安全连锁装置，检验是否满足设计文件规定的使用技术要求。

（9）耐压试验

定期检验过程中，使用单位或者检验机构对压力容器的安全状况有怀疑时，应当进行耐压试验。耐压试验的试验参数［试验压力、温度等以本次定期检验确定的允许（监控）使用参数为基础计算］、准备工作、安全防护、试验介质、试验过程、合格要求等按照 TSG 21 规程的相关规定执行。耐压试验由使用单位负责实施，检验机构负责检验。

（10）泄漏试验

对于介质毒性程度为极度、高度危害，或者设计上不允许有微量泄漏的压力容器，应当进行泄漏试验。泄漏试验包括气密性试验和氨、卤素、氦检漏试验。试验方法的选择，按照压力容器设计图样的要求执行。泄漏试验由使用单位负责实施，检验机构负责检验。泄漏试验按照以下要求进行：

① 气密性试验，气密性试验压力为本次定期检验确定的允许（监控）使用压力，其准备工作、安全防护、试验温度、试验介质、试验过程、合格要求等按照 TSG 21 规程的相关规定执行；如果定期检验需要进行气压试验，则气密性试验可以和气压试验合并进行；对大型成套装置中的压力容器，可以用系统密封试验代替气密性试验；

② 氨、卤素、氦检漏试验，按照设计图样或者相应试验标准的要求执行。

9.7.3 金属压力容器安全状况等级评定

9.7.3.1 压力容器安全状况等级评定原则

① 安全状况等级根据压力容器检验结果综合评定，以其中项目等级最低者为评定等级；

② 需要改造或者修理的压力容器，按照改造或者修理结果进行安全状况等级评定；

③ 安全附件检验不合格的压力容器不允许投入使用。

9.7.3.2 安全状况等级评定

压力容器安全状况等级评定要综合考虑下列要素，逐要素进行评级，影响压力容器安全状况等级评定的要素有：

① 材料问题，主要受压元件材料与原设计不符、材质不明或材质劣化等；

② 不合理的结构，例如封头主要参数不符合相应产品标准、焊缝布置不当、"十"字焊缝或焊缝间距不符合标准规定、开孔位置不当等；

③ 压力容器内外表面裂纹与凹坑；

④ 壳体变形、机械接触损伤、工卡具焊迹以及电弧灼伤；

⑤ 焊缝内外表面咬边；

⑥ 金属表面的腐蚀；

⑦ 存在环境开裂倾向或者产生机械损伤现象；

⑧ 错边量和棱角度超过产品标准的要求；

⑨ 焊缝埋藏缺陷超出产品标准允许；

⑩ 金属母材分层；

⑪ 使用过程中产生鼓包；

⑫ 真空绝热容器的绝热性能；

⑬ 耐压试验结果。

9.7.4 定期检验方案制定

定期检验的检验方案是指针对某台具体压力容器制定的现场检验作业指导性文件，内容涵盖压力容器基本情况、检验项目及要求（无损检测的种类、部位等）。检验方案提供给容器使用单位，指导其作好检验前的准备要求（拆保温、搭脚手架、焊缝打磨等），以及检验过程的安全要求。内容要全面，表述精简，适合现场使用。

检验项目的选取，除 TSG 21 的通用要求外，主要要考虑容器在工况下的损伤机理。比如，要检验一台炼油厂加氢装置（加氢精制或加氢裂化）的反应器，查 GB/T 30579—2014 附录 B 图 B.7 通过反应器旁的圆圈数字和右加角的索引，知道反应器的损伤模式有高温硫化物腐蚀（无氢气环境）、高温硫化物腐蚀（氢气环境）、连多硫酸应力腐蚀开裂、高温氢腐蚀、回火脆化、氯化物应力腐蚀开裂、氢脆、低温脆断、δ 相脆化等，然后在标准正文中查对各个损伤模式对应应采取的检测或监测方法。比如连多硫酸应力腐蚀开裂应采用目视检测、磁粉检测、渗透检测；再如，δ 相脆化不易发现，可进行金相分析，并取样进行冲击试验，可验证金属组织的变化，采用渗透检测，检测表面是否存在宏观裂纹。

 习 题

1. 填空题

（1）圆筒形压力容器筒体成型方法主要有两种：_____、_____。

（2）大型、高压、厚壁容器筒体成型方法一般采用_____。

（3）压力容器筒体成型加工主要包括_____、_____、_____等。

（4）根据设计和工艺需要，在焊件的待焊部位加工并装配成一定形状的沟槽，称为_____，其基本形式主要有三种，即：_____、_____、_____。

（5）焊接接头的形式主要有_____、_____、_____、_____等。

（6）压力容器无损检测方法主要有_____、_____、_____、_____等。

（7）压力容器常见热处理方式有_____、_____、_____。

2. 论述题

（1）简述板焊结构容器、锻焊结构容器制造工艺。

（2）简述压力容器常用焊接方法及其特点。

（3）简述压力容器监检的目的及意义。

─10─ 基于风险的检验（RBI）技术

基于风险的检验（Risk Based Inspection，RBI）是一种科学的、系统的基于风险的管理方法。RBI 技术通过分析容器、管道等设备（本章统称设备，下同）的失效可能性和失效造成的后果，进而计算风险大小，针对损伤机理和风险开展针对性的选材、腐蚀管理、预防性检查维护及工艺监控等来有效地管理风险和降低风险。本章简要介绍 RBI 技术的产生背景、技术思路、实施流程以及分析方法。

10.1 RBI 技术概述

10.1.1 RBI 产生背景

RBI 最早于 20 世纪 60 年代起源于英国，由英国原子能机构开发并应用于核工业设备检验。随后，挪威船级社 DNV 和美国机械工程协会 ASME 开始开展 RBI 技术规范、标准和应用研究工作。20 世纪 90 年代初，美国石油工程师协会 API 与挪威船级社 DNV 合作共同开展 RBI 项目，在广泛研究和实践的基础上，于 2000 年正式出版了 RBI 技术标准 "API Recommended Practice 580：Risk-Based Inspection"（API 580）和 "API Publication 581：Risk-Based Inspection Base Resource Document"（API 581）。API 580 和 API 581 技术标准的颁布推动了 RBI 技术的快速发展，并在实际范围内获得了应用。许多国家以此为参考标准，制定了适合本国的 RBI 标准及规范。

10.1.2 RBI 技术思路及使用范围

RBI 是一种考虑检验对象风险大小的技术。因此，要了解 RBI 技术思路，首先要明确风险的概念。风险是指在某一特定环境下，在某一特定时间段内，某种灾害发生的可能性及其后果。风险由失效因素、失效事故以及失效后果三者组成。失效因素引发失效事故，失效事故造成失效后果。对压力容器来说，可能的失效因素包括腐蚀减薄、环境开裂、材质劣化、机械损伤等；可能的失效后果包括爆炸、燃烧、有毒物质泄漏、环境影响、经济损失等。

为了更好地表达风险，将风险发生的可能性用概率来表达，风险可定量表示为失效概率与失效后果的乘积：

$$风险＝失效概率(可能性)\times失效后果(灾害程度) \tag{10-1}$$

在式（10-1）中，失效概率是指设备发生失去设计所规定功能的可能性的度量。失效后果是指失效事故发生后，造成的对人身安全、经济损失和环境破坏的影响范围大小的度量。因此，要降低风险，就需要从降低失效概率、减轻失效后果两方面分析。

不同类型的设备，其设计及运行条件不一样，因此失效概率和失效后果并不相同。RBI技术思路是通过分析不同设备的损伤模型，研究并计算设备的失效概率和失效后果，得到不同设备的风险，并按照风险大小对设备进行排序，为选择有针对性的检验方法、制定检验策略和优化检验方案提供科学的技术支持。

目前，RBI技术已广泛应用在炼油、化工、油气、核电等企业，适用的设备包括压力容器、工艺管道、储罐、动设备内承受内压的壳体、加热炉、换热器以及泄压装置如安全阀等。RBI不适用于对电气、仪表控制系统、建筑构建和机械部件进行评估。

10.1.3 RBI技术相比传统检验技术的优势

传统的检验规程主要从保障设备的安全角度出发，确定相应的检验方法和检验周期。如制定压力容器的定检方案时，虽然对其失效机理有所考虑，但限于检验人员技术水平、实际现场工况、技术资料获取程度等，所指定的检验方法的针对性、有效性、完整性并不理想。在确定检验周期时，一般定为3～6年不等，不同容器的风险差异性无法凸显。传统的大检修计划也通常是停产后对所有设备进行同档次检修，重点不突出。

与传统的检验方案和大检修计划相比，RBI技术全面考虑了检验对象的经济性、安全性以及潜在的失效风险，依据不同设备的失效机理确定相应的检验策略。大量数据表明，设备的失效风险并不是平均分配。其中约20%的设备承担了大约80%以上的风险。RBI技术对设备进行风险排序，确定高风险设备，并根据风险驱动因素提出有针对性的检验策略。

与传统的检验相比，应用RBI技术可从以下方面提高设备管理水平：①提高设备的安全性和可靠性；②合理配置检验资源和科学调整维护周期；③从整体上减少检验和维护成本。

通过RBI风险评估，企业可以获得如下收益：①提高装置的可靠性，降低事故发生的可能性。这是RBI技术的最根本作用；②延长检修周期，缩短检修时间，提高检验效率，最小化检验和维护成本；③提高企业的设备管理水平，为最终建立设备的风险和可靠性管理系统奠定良好基础。

10.1.4 国内RBI发展情况

我国RBI研究起步较晚。21世纪初我国石化企业通过与国外石化企业合作，逐渐了解并引进了RBI技术。随后，国内部分企业、检测研究机构对一些装置实施了RBI应用，获得了装置的风险水平，取得了较好效果。

经过不断的研究和引用，2006年国家质量监督检验检疫总局参照美国石油工程师协会API580标准制定了我国第一个石油化工行业RBI技术推荐性标准SY/T 6653—2006《基于风险的检验（RBI）技术推荐做法》，推动了RBI技术在石化行业检验流程中的广泛应用。

2008年国家发展和改革委员会为了规范石油天然气行业开展RBI技术优化检验策略活动，参照美国石油工程师协会API 581标准，发布了石油天然气行业标准SY/T 6714—2008《基于风险的检验基础方法》，为石油天然气行业企业开展RBI技术活动提供了具体实施方法和详细步骤。

2009 年实施的 TSG R0004—2009《固定式压力容器安全技术监察规程》首次在国家规范中引入 RBI 技术，表明实施 RBI 已成为压力容器检验机构今后的主要技术发展方向之一。

2011 年发布并实施了 GB/T 26610.1—2011《承压设备系统基于风险的检验实施导则 第 1 部分：基本要求和实施程序》，明确了承压设备系统实施 RBI 的基本要求和实施程序。

2014 年发布并实施了 GB/T 26610《承压设备系统基于风险的检验实施导则》的第二部分～第五部分，分别从基于风险的检验策略、风险分析的定性方法、失效可能性定量分析方法和失效后果定量分析方法四方面对 RBI 技术应用进行了规定。至此，我国的 RBI 技术标准体系已基本形成，RBI 技术在我国石化行业获得了广泛的应用。

10.2 RBI 技术实施流程

RBI 技术实施有严格的流程。一般包括如下几个内容：

10.2.1 制定评估方案

评估开始前需要制定评估方案，在评估方案中明确以下内容：
① 评估的目的；
② 评估对象（设备、部件）的确定；
③ 评估使用的数据以及采用的规范和标准；
④ 评估的工作进度；
⑤ 评估的有效期及更新时间；
⑥ 评估结果的应用。

10.2.2 数据和信息收集

RBI 技术分析方法有定性分析、定量分析和半定量分析三种。无论哪种分析方法，均需要对所需的技术数据进行详细、可靠地收集。RBI 所需的技术分析数据信息见表 10-1。

表 10-1 RBI 技术分析数据信息

资料名称	数据信息
设备台账	设备名称、材质、介质、压力、温度、投用日期、壁厚、体积等
设计图	材质、介质、压力、温度、腐蚀裕量、衬里、焊缝系数、尺寸
质量证明书	材质、尺寸、焊后热处理、元素含量、硬度、材料抗拉强度、屈服强度
检验报告	历史检验方法、检验比例、检验位置、缺陷类型、缺陷长度、缺陷位置、缺陷等级
维修、改造、变更质量	设备故障和腐蚀状况、改造记录、检验位置、缺陷类型、缺陷长度、缺陷位置、缺陷等级
化学数据	气样数据分析：气体组分及 CO、CO_2、H_2S 等； 水样数据分析：微生物数量、泥沙量、水含量、溶解性氧、pH 值酸碱浓度等； 油样分析数据：介质组分及含量、硫含量、酸值等
布局图	工艺流程图(PFD)、管道和仪表流程图(PID)
腐蚀监测信息	腐蚀防护原理、历史腐蚀监测数据
操作和维护手册	工艺流程说明
其他资料	历史停产损失费用、环境污染费用等

根据计算结果精确度较高，从而比较其风险。一般较为复杂，RBI 技术 风险以及用定量分析方法进行，得出的具体如下。

10.2.3　RBI 技术筛选的评估

筛选评估的目的是识别出设备或系统中对风险水平有重要影响的单元。筛选评估通常是以定性分析方法执行，逐个识别每个系统和每个腐蚀回路或主要设备部件的风险。基于对装置历史、未来计划和可能的零部件退化类型的认识，分别对分析对象进行失效概率和失效后果的评估，评估结果分为高、中、低风险。一般情况下，对于低风险的单元采用最少的检验资源，中、高风险的单元要采用更详细的风险分析。经过初步的筛选评估能提高工作效率。

10.2.4　RBI 技术详细评估及检验策略的制定

筛选评估风险等级为中风险以上的单元需要考虑进行 RBI 技术详细评估。详细评估采用定量分析方法计算得出设备的失效概率及失效后果，并确定设备风险等级。依据风险等级制定设备整体检验策略。检验策略和提出的缓解措施应使所有设备的最终风险均在可接受的范围内。

制定检验策略时，应考虑风险等级、损伤机理、设备历史、检测工作量、检测方法和有效性、设备工况与剩余寿命等诸多因素。因此，检验策略至少包括：损伤机理、检验方法、检验比例、检验部位、检验时间。

10.2.5　RBI 技术的再评估

RBI 技术是一个动态的实施过程，其评估结果是基于当时的数据和工况信息得到。随着时间的推移，数据和工况信息会发生变化，因此 RBI 技术评估应使用最新的检测、工艺和维护信息来持续地维护和更新。

执行 RBI 再评估的影响因素有：

（1）损伤模式和检验活动的因素

部分损伤模式与时间有关系，损伤速率随时间而变化，通过最新的检测结果可以快速地修正损伤速率。部分损伤模式与时间无关，但会在特定的条件下发生，这些损伤发生后应对设备进行 RBI 技术再评估。另外，当新的检测活动完成后，需要根据新的检验结果 RBI 再评估。

（2）工艺条件与设备的改变因素

工艺条件的改变可以导致设备发生快速失效和无法预测的腐蚀与裂纹，因此一旦操作条件的改变对损伤有明显影响时，则需要进行 RBI 再评估。设备的改变对风险有显著影响时，也需要进行 RBI 再评估。

10.3　RBI 分析方法

RBI 分析方法可以是定性、定量或者半定量分析。方法的选择主要依据如下因素：评估的目标、评估设备的数量、可以利用的资源、研究的时间周期、设备和过程的复杂性、现有数据的种类和质量等。

10.3.1　定性分析

RBI 定性分析技术简单、方便，所需资料少，能够快速得出设备的风险分布及排序。虽然定性分析结果精确度较低，但因其较为灵活，一般在实施 RBI 技术的初期，先采用定性分析方法开展分析，实现如下功能：

① 初步筛选设备系统边界范围，判断选择需要进行重点分析的位置；

② 对设备的风险水平进行初步的评定，确定其在风险矩阵中的等级及位置，为检测提供基础信息；

③ 快速识别风险分布情况，有利于检验方案的优化。

定性分析要对失效概率和失效后果两个风险要素进行评估分析，但不计算数值也不指定等级，而是将两者组合到风险矩阵中，给分析对象（压力容器）一个描述性的风险排序，例如低、中、高风险等，如图 10-1、图 10-2 所示。一般情况下，对于低风险设备需要的检验资源最少，对于中风险和高风险的设备需要更加详细的风险评估，以便安排更多的检验资源和制定详细的检验计划。

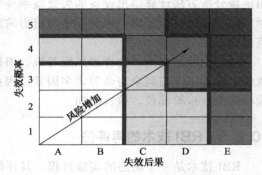

失效概率		风险等级	
5			
4	重要的		
3	失效概率	中风险	高风险
2			
1	可忽略的 失效概率	低风险	中风险
失效后果		可接受的失效后果	不可接受的失效后果
		A	B C D E

图 10-1 RBI 定性分析风险等级

图 10-2 RBI 定性分析风险矩阵图

10. 3. 2 定量分析

RBI 定量分析法是最为科学的风险分析方法，通过对设备的某些性质、特征、相互关系等从数据上进行比较分析，得到以数值表达的风险结果。因此定量分析准确度高、过程严谨。

定量风险分析的优势是当风险将要超过风险可接受限度时，可精确计算某种精度的风险结果，为了提高计算精度，需要收集多方面、详细的数据资料。RBI 定量分析技术将描述的相关数据输入到合适的数学公式模型中，通过科学计算，确定失效概率和失效后果的数值，并确定风险等级，根据风险等级采取相对应的优先级和措施。

定量分析过程较为复杂，确定设备风险的计算流程一般如图 10-3 所示。得到风险结果后，仍采用如图 10-2 所示的风险矩阵图或者图 10-4 所示的风险坐标图表示。

10. 3. 3 半定量分析

半定量分析方法是在风险分析过程中既使用定性分析法、也使用定量分析法。因此半定量分析结合了定量分析和定性分析两者的优点，即不需要大量细致的资料，也能得到相对准确的风险分析结果，同时还具有灵活性和快速性。半定量分析法也是采用如图 10-2 所示的风险矩阵进行风险分析，但是不采用定量分析中具体的等级数值，而是采用定性分析中类别概括的形式。

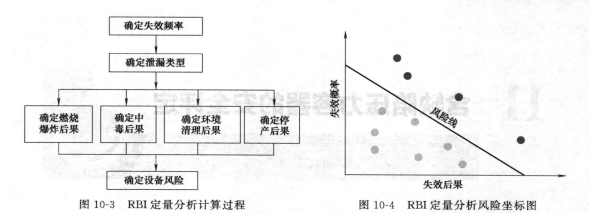

图 10-3 RBI 定量分析计算过程　　　　　图 10-4 RBI 定量分析风险坐标图

习 题

1. 填空题

(1) RBI 的名称是_____。

(2) 风险可定量表示为_____与_____的乘积。

(3) RBI 适用的设备包括_____，不适用的设备包括_____。

(4) RBI 风险分析方法有_____、_____、_____。

(5) 在 RBI 风险分析方法中，_____方法所需资料最小，分析速度最快；_____方法最为科学。

2. 论述题

(1) 简述 RBI 的技术思路。

(2) 简述 RBI 相比传统检验技术的优势。

(3) 简述通过 RBI，设备管理水平的变化以及企业获得的收益。

(4) 简述 RBI 的实施流程。

3. 文献调研题

自主查阅文献及资料，了解 RBI 在炼油以及化工等行业某些装置上的应用情况。

11 含缺陷压力容器的安全评定

压力容器不可避免存在不同程度缺陷，且在使用过程中，还会因载荷、介质等因素萌生新的缺陷。如果对发现缺陷的容器"立即判废"并返修或更换，一方面返修过程中电弧气刨、焊接等过程不可避免对材料产生影响，可能加速材料劣化；另一方面不必要的返修和更换会造成巨大的经济损失。实践证明，并非所有超标缺陷都会导致压力容器失效。若能对缺陷加以区分，进行必要的分析评定，消除那些具有潜在危险的缺陷，而保留对安全没有威胁的缺陷，则能在保证安全的基础上，节省大量资源和成本。本章介绍含缺陷压力容器的安全评定技术。

11.1 压力容器缺陷形式

要对含缺陷压力容器开展安全评定，首先必须明确压力容器常见的缺陷形式。压力容器常见缺陷种类有板材缺陷、锻件缺陷以及焊接缺陷三种。不同种类的缺陷，存在不同的结构形式。

11.1.1 板材缺陷

板材是压力容器的主要承压组件，其可能存在的缺陷形式有如下几种。

（1）非金属夹杂

非金属夹杂是指钢材在熔炼和铸造过程中，各元素与杂质介质反应产生的氧化物和氮化物等以及带入的耐火材料残渣、灰分、脱氧产物和残留熔剂等，如图 11-1 所示。非金属夹杂在钢中是非正常组织，破坏了钢材的连续性和完整性。夹杂物同钢材弹性和塑性的不同以及热膨胀系数的差异，将显著降低金属的强度、韧性、塑性、抗疲劳及抗应力腐蚀的能力，可能造成板材加工开裂、淬火裂纹、焊缝层状撕裂等。

（2）化学成分及组织结构不合格

压力容器对钢材的化学成分及组织结构均有要求，或化学成分不合格，或组织结构、晶粒度等不满足要求，可能导致材料性能下降，形成缺陷。

（3）裂纹

材料内部夹杂物在轧制过程中可能造成夹杂物周围的母材开裂，某些杂质也可能导致材料在热处理过程中产生再热裂纹。钢材中的裂纹严重削弱了材料的强度，使用时极有可能发生扩展并断裂。

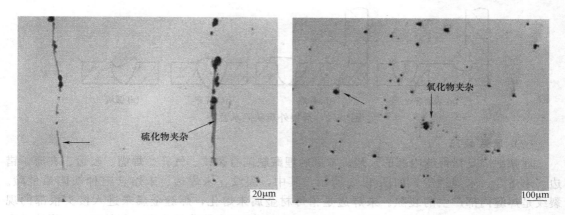

图 11-1　钢中非金属杂质示意图

（4）表面缺陷

指材料表面的机械损伤、重皮、折叠和腐蚀缺陷。这些表面缺陷往往成为某些失效的裂纹源。

（5）加工成型缺陷

指加工过程中可能出现的塑性变形不均匀、减薄量不当、褶皱等缺陷。

（6）热处理缺陷

指热处理过程中可能出现的氧化和脱碳、淬火裂纹、欠热、过热和过烧、回火脆等。

11.1.2　锻件缺陷

锻件是大型、高压压力容器的重要受压组件，较常见的失效形式是开裂或强度不足。

（1）非金属夹杂物

在熔炼及铸锭时，混进硫化物和氧化物等非金属夹杂所造成的缺陷。

（2）夹渣

在铸锭时，熔渣和耐火材料等夹渣物留在锻件中形成的缺陷。

（3）龟裂

由于原材料成分不当、原材料表面情况不好、加热温度和加热时间不当而产生的锻钢件表面上出现的较浅的龟状表面缺陷。

（4）锻造裂纹

锻造过程较容易形成裂纹，如因锻造加热不当、锻造变形不当、非金属夹杂物等。

（5）褶皱

由于金属在变形过程中，已氧化的表层金属汇合折叠形成，往往称为疲劳源。

11.1.3　焊接缺陷

（1）外观缺陷

外观缺陷是指焊接部位存在的用目视或表面检测即可发现的缺陷。常见的焊接外观缺陷有成型不良、咬边、错边、焊瘤、表面气孔及裂纹、烧穿、弧坑、凹陷及焊接变形、单面焊未焊透等，如图 11-2 所示。外观缺陷的存在减小了母材和焊缝的有效承载面积，降低了结构的承载能力，同时会造成应力集中，容易发展称为裂纹源。

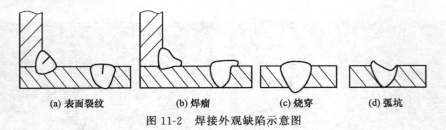

(a) 表面裂纹　　　(b) 焊瘤　　　(c) 烧穿　　　(d) 弧坑

图 11-2　焊接外观缺陷示意图

（2）埋藏缺陷

埋藏缺陷是指焊缝内部的缺陷。常见的埋藏缺陷有裂纹、气孔、焊瘤、咬边、夹渣、错边、未熔合、未焊透等，如图 11-3 所示。其中，裂纹、未焊透、未熔合三种缺陷最危险。裂纹是焊缝内部产生的裂隙。未焊透是指母材金属未熔化，焊缝金属未进入接头根部的现象。未熔合是指焊缝金属与母材金属，或焊缝金属之间未熔化结合在一起的现象。裂纹、未焊透以及未熔合均减小了焊缝的有效承载截面积，引起应力集中，使接头强度下降，严重降低焊缝的疲劳强度，是造成焊缝破坏的重要因素。

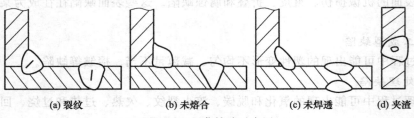

(a) 裂纹　　　(b) 未熔合　　　(c) 未焊透　　　(d) 夹渣

图 11-3　埋藏缺陷示意图

（3）组织和成分缺陷

组织和成分缺陷是指焊接接头的化学成分和金相组织不合格。不严格的组织及成分将显著降低焊接接头的力学性能和防腐蚀性能，已造成焊缝破坏。

11.2　含缺陷压力容器的“合乎使用”原则

对含缺陷的压力容器，工程界提出了基于“合乎使用”（Fitness for Service）原则的压力容器安全评定方法。由无损检测发现的压力容器缺陷，经过严格的理论分析与计算，如果确认不致发生断裂或失稳破坏，且还有足够的安全裕度，则可认为是安全、可接受的。对这种不符合设计制造规范的缺陷予以保留，且投用后既不引起危险，又能保持容器完整性的缺陷处理原则，称为“合乎使用”原则。

基于“合乎使用”原则的压力容器安全评定的意义及目标如图 11-4 所示，即对存在的不符合设计及规范的缺陷，不再完全判废，而是通过严谨、科学的安全评定，根据评定风险的大小分别进行处置：

◇ 对安全生产不造成危害的缺陷允许存在。

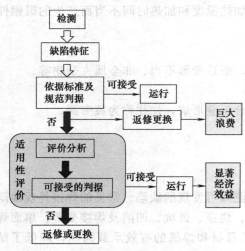

图 11-4　压力容器安全评定的意义及目标

◇ 对安全性虽不造成危害，但会进一步扩展的缺陷，要进行寿命预测，并允许在监控下使用。

◇ 若含缺陷结构降级使用时可以保证安全可靠性，可降级使用。

◇ 若含有对安全可靠性构成威胁的缺陷，应立即采取措施，返修或停用。

11.3 安全评定的理论基础——断裂力学基本理论

传统的设计以材料的均匀性、连续性假设为前提，强度条件是最大计算应力小于许用应力。但是现实中大量使用的焊接材料，会存在各种各样的缺陷。在断裂力学中，常把这些缺陷均简化并统称为"裂纹"。裂纹处会产生高度的应力集中，应力在裂纹尖端有奇异性。因此在裂纹尖端无法用应力分量来度量裂纹的危险程度。传统的设计方法不再适用。断裂力学不再单纯使用传统设计中的应力作为评价的标准，而使用表征裂纹尖端附近应力场的断裂参量来建立断裂判据。断裂力学的诞生，并没有取代传统的强度设计方法，而是它的一个补充，它重点处理宏观缺陷扩展所引起的结构失效问题。

断裂力学的基本研究内容包括：①裂纹的起裂条件；②裂纹在外部载荷和其他因素作用下的扩展过程；③裂纹扩展到什么程度物体会发生断裂。另外，为了工程方面的需要，还研究含裂纹的结构在什么条件下破坏；在一定载荷下，可允许结构含有多大裂纹；在结构裂纹和结构工作条件一定的情况下，结构还有多长寿命等。

根据所研究的裂纹尖端附近塑性区的大小，断裂力学通常分为线弹性断裂力学和弹塑性断裂力学。线弹性断裂力学应用线弹性理论研究裂纹扩展规律和断裂准则，适用于大型构件和脆性材料的断裂分析。弹塑性断裂力学应用弹性力学、塑性力学理论研究裂纹扩展规律和断裂准则，适用于裂纹尖端附近有较大范围塑性区的情况。目前，线弹性断裂力学发展较为成熟。弹塑性断裂力学在近年来也取得了很大的进展，应用越来越广泛。

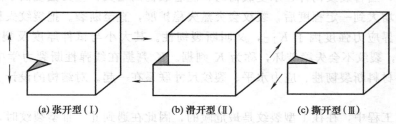

(a) 张开型（Ⅰ） (b) 滑开型（Ⅱ） (c) 撕开型（Ⅲ）

图 11-5 裂纹三种基本类型

11.3.1 线弹性断裂力学基本理论

在断裂力学中，根据裂纹受力情况，将裂纹分为张开型（Ⅰ型）、滑开型（Ⅱ型）、撕开型（Ⅲ型），如图 11-5 所示。

考虑如图 11-6 所示的情况，存在长为 $2a$ 的中心穿透裂纹的无限宽平板，承受拉伸载荷，故裂纹类型为Ⅰ型。在裂纹尖端建立局部极坐标系，从理论上对裂纹尖端进行应力分析。当 $r \ll a$ 时，可得到在裂纹尖端附近任意一点 $A(r,\theta)$ 的应力分量为：

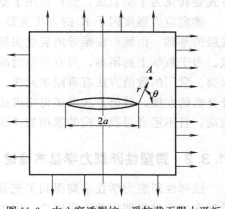

图 11-6 中心穿透裂纹，受拉载无限大平板

$$\begin{cases} \sigma_{xx} = \dfrac{\sigma\sqrt{\pi a}}{\sqrt{2\pi r}}\cos\left(\dfrac{\theta}{2}\right)\left[1-\sin\left(\dfrac{\theta}{2}\right)\sin\left(\dfrac{3\theta}{2}\right)\right] \\[3mm] \sigma_{yy} = \dfrac{\sigma\sqrt{\pi a}}{\sqrt{2\pi r}}\cos\left(\dfrac{\theta}{2}\right)\left[1+\sin\left(\dfrac{\theta}{2}\right)\sin\left(\dfrac{3\theta}{2}\right)\right] \\[3mm] \tau_{xy} = \dfrac{\sigma\sqrt{\pi a}}{\sqrt{2\pi r}}\sin\left(\dfrac{\theta}{2}\right)\cos\left(\dfrac{\theta}{2}\right)\cos\left(\dfrac{3\theta}{2}\right) \\[3mm] \sigma_z = \begin{cases}\dfrac{\sigma\sqrt{\pi a}}{\sqrt{2\pi r}}2\mu\cos\left(\dfrac{\theta}{2}\right) & (平面应变) \\[3mm] 0 & (平面应力)\end{cases} \end{cases}$$ (11-1)

同样，对具有中心穿透Ⅱ型裂纹的无限大平板，以及具有中心穿透Ⅲ型裂纹的无限大平板，其裂纹尖端应力场均有如下特点：裂纹尖端应力正比于量 $r^{-1/2}$，当 $r\to0$ 时，σ_{xx}、σ_{yy}、τ_{xy}、τ_{xz}、$\tau_{yz}\to\infty$，应力在裂纹尖端处有奇异性。因此在裂纹尖端无法用应力分量来度量裂纹的危险程度。但是从公式（11-1）可知，各应力分量都有一个共同的因子 $\sigma(\pi a)^{1/2}$［或 $\tau(\pi a)^{1/2}$］，其余部分是 A 点位置参数（r，θ）的函数。$\sigma(\pi a)^{1/2}$［或 $\tau(\pi a)^{1/2}$］与裂纹的几何形状与载荷条件有关，可以反映裂纹尖端附近应力场的强度。对Ⅰ型裂纹，令

$$K_{\mathrm{I}} = \sigma\sqrt{\pi a}$$ (11-2)

式中，K_{I} 即为Ⅰ型裂纹的应力强度因子。对其他形状的裂纹则有

$$K_{\mathrm{I}} = F\sigma\sqrt{\pi a}$$ (11-3)

式中，F 为形状因子，可由一些手册查到。已知裂纹形状和受力，通过查阅 F，可以很方便地计算出 K_{I}。

实践证明，当含裂纹构件在承受载荷时，随着载荷的增大，应力强度因子随之增大。当应力强度因子增大到一定程度后，裂纹会突然失稳扩展，直至断裂。把裂纹失稳时的应力强度因子称为临界应力强度因子 K_{IC}，又叫断裂韧性。其大小与试件厚度及裂纹尺寸无关。若 $K_{\mathrm{I}}<K_{\mathrm{IC}}$，裂纹不会失稳破坏，称为 K 判据。K 判据在线弹性断裂力学中具有很重要的地位。它将材料断裂韧性、应力水平、裂纹尺寸联系在一起。对结构的设计、选材和检验提供了依据。

由于实际工程中，往往Ⅰ型裂纹是最危险的，因此在遇到Ⅱ、Ⅲ型裂纹时，通常的处理方式是转化为Ⅰ型裂纹，然后使用Ⅰ型裂纹的 K 判据判断裂纹是否扩展。

确定应力强度因子 K 的方法主要有解析法、数值法和实验法。解析法一直是断裂研究发展的基础。由解析法推导的裂纹尖端附近应力场和位移场的基本方程是许多其他解的出发点。由于数学上的困难，只有少数情况有封闭形式的解析解。一般情况下只能借助数值方法求解。常用的数值方法有有限单元法、边界配位法、边界积分法等。随着近年来计算方法及计算机的发展，数值方法发展得很迅速。实验方法如光弹性方法、柔度标定方法等，因成本较高，且不适合寻找结构的通用规律而很少被采用。

11.3.2 弹塑性断裂力学基本理论

线弹性断裂力学在早期得到了充分的发展，建立了较为完整的体系。但是线弹性断裂力学对高韧性材料使用并不很成功。因为对高韧性材料，结构中出现裂纹或裂纹扩展之前，裂

纹尖端已经存在着较大的塑性区域。屈服区的存在将改变裂纹尖端应力场的性质，当裂纹尖端塑性区尺寸接近或超过裂纹尺寸时，线弹性断裂力学的理论不再适用于这种情况，就需用弹塑性断裂力学的理论来研究。

弹塑性断裂力学首先要解决的问题，就是如何在弹塑性或非线性条件下，确定一个像线弹性断裂力学中应力强度因子 K 那样的参量，既能定量描述含裂纹体的应力、应变场强度，又能用简易方法进行实验测定并能用理论估算的场参量。

(1) 裂纹张开位移 COD

对图 11-7 所示的带裂纹构件，当受到外加应力 σ 作用后裂纹张开，裂纹尖端产生塑性变形，裂纹尖端有张开位移和钝化区。在原裂纹尖端处塑性变形大小称为裂纹尖端张开位移 δ。外加应力增大，则 δ 也随之增大，当 σ 大到足以使裂纹开裂前的 δ 为临界张开位移 δ_c。

实验表明，对同一种材料，在裂纹开始扩展时的 δ_c 为一定值，与试件厚度、裂纹尺寸、加载方式无关，是一个材料的韧性参数。因此 δ_c 值大小可以定量地表征裂纹尖端局部材料在裂纹扩展前局部塑性变形和局部应力松弛的能力。故 δ_c 可称为材料的断裂韧性。通过小试样测得 δ_c 值，$\delta < \delta_c$ 即为断裂判据。

δ 的理论塑性计算比较复杂。通过对无限大薄板受均匀拉伸应力作用下的穿透裂纹作一些假设，将弹塑性问题转化为弹性平面问题，可用线弹性理论计算得到 δ 值与外加力及裂纹长度 a 的定量关系，这种方法称为 D-M 模型。

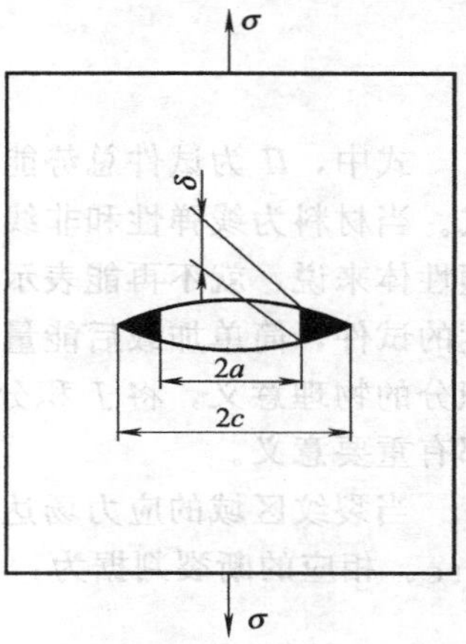

根据 D-M 模型得到塑性区宽度计算式为：

$$R = a\left(\sec\frac{\pi\sigma}{2\sigma_s} - 1\right) \tag{11-4}$$

裂纹尖端张开位移公式为：

$$\delta = \frac{8\sigma_s a}{\pi E}\ln\left[\sec\left(\frac{\pi\sigma}{2\sigma_s}\right)\right] \tag{11-5}$$

图 11-7 COD 示意图

由于 D-M 模型本质上仍使用线弹性理论计算，因此式（11-5）只适用于裂纹尖端小范围屈服情况，故也叫做 COD 小范围屈服公式。

在全屈服时，用 D-M 模型推导得出的小范围屈服公式失效，应考虑全面屈服条件。许多研究人员对此作了不懈的努力，在大量数据的基础上，提出了一些半经验的 COD 设计曲线。由于 COD 方法缺乏严密的理论基础和分析手段，且 COD 判据仅适用于分析起裂而不适合分析失稳扩展，因此大大限制了应用范围。

(2) J 积分

如图 11-8 所示为一均质板，板上有一穿透裂纹，裂纹表面无力作用，但是外力使裂纹周围产生应力应变场。J 积分的定义为：从裂纹下表面出发，逆时针方向围绕裂纹尖端取回路 Γ 终止于裂纹上表面，则

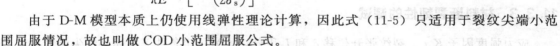

$$J = \int_{\Gamma}\left(\omega\mathrm{d}y - \vec{T}\frac{\partial \vec{u}}{\partial x}\mathrm{d}s\right) \tag{11-6}$$

式中　ω——应变能密度；

　　　$\vec{T}$——作用在积分周界上的力；

　　　$\vec{u}$——积分周界上的位移矢量；

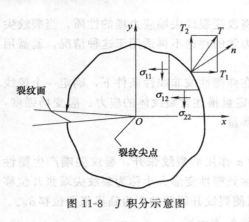

图 11-8 J 积分示意图

ds——积分周界微元场。

J 积分是一个表示裂纹尖端能量的回路线积分。对任何弹塑性体（大范围屈服或整体屈服）都存在。且在小应变条件下，J 积分与路径无关，即 J 积分有守恒性。但是，裂纹尖端不可避免要出现大变形，因此 J 积分守恒是近似的。有限元计算表明，J 积分的线路无关性在回路通过塑性区时仍近似成立。

J 积分与裂纹张开位移 δ、应力强度因子 K、能量释放率 G 均有关系。可以证明，在线弹性条件下，J 积分等于裂纹扩展时的能量释放率 G。

$$J = -\frac{1}{B}\frac{\partial \Pi}{\partial a} \tag{11-7}$$

式中，Π 为试件总势能；a 为裂纹扩展产生的新表面面积。此式为 J 积分的能量定义式。当材料为线弹性和非线性弹性时可表示为裂纹扩展单位面积时释放出来的能量，而对弹塑性体来说，就不再能表示为裂纹扩展的能量释放率了，只能用来表示两个具有不同裂纹长度的试件，简单加载后能量的差别，作为 J 积分的实用定义。J 积分的能量定义式揭示了 J 积分的物理意义，将 J 积分与宏观可测量参量联系起来，对 J 积分的试验测试和解析分析都有重要意义。

当裂纹区域的应力场达到使裂纹开始扩展的临界状态时，J 积分也达到相应的临界值 $J_{\rm IC}$。相应的断裂判据为：

$$J = J_{\rm IC} \tag{11-8}$$

J 积分定义清楚，物理意义明确，具有严密的推导过程，适用于强化材料和各类裂纹；且 J 积分与积分路径无关决定了 J 积分有很广阔的应用前景。

11.3.3 材料断裂韧性的测试

应力强度因子 $K_{\rm I}$、裂纹张开位移 δ 和 J 积分，均为一定条件下描述裂纹尖端区域应力应变场强度的参量，均与裂纹尺寸和外加载荷有关，均为裂纹扩展的驱动力。在对含裂纹结构进行断裂分析时，除需计算这些驱动力外，还需要指导含裂纹构件材料的断裂性能，即材料本身抗断裂的能力。反映材料抗断裂能力的性能参数称为材料的断裂韧性。断裂韧性是材料本身的特性常数，与裂纹尺寸、外加载荷等因素无关。

根据不同的断裂准则，常用的断裂韧性参数有三个，即 $K_{\rm IC}$、δ_c、$J_{\rm IC}$。三个断裂韧性参数的测定，国内外均有标准方法。国内 $K_{\rm IC}$ 测试标准为 GB/T 4161—2007《金属材料平面应变断裂韧度 $K_{\rm IC}$ 试验方法》、δ_c 的测试标准为 GB/T 2358—1994《金属材料裂纹尖端张开位移试验方法》、$J_{\rm IC}$ 的测试标准为 GB/T 2038—1991《金属材料延性断裂韧性 $J_{\rm IC}$ 试验方法》。

11.4 压力容器安全评定标准发展

11.4.1 国外压力容器安全评定标准发展

20 世纪 70 年代后，随着断裂力学、塑性力学、金属材料、无损检测以及计算机等科学技术的发展和应用，含缺陷压力容器的安全性由以往的经验逐步发展为定量评估，国外相继提出了各种缺陷评定方法及标准，举例如下：

- 1975 年国际焊接学会颁布了《按脆性断裂破坏观点建议的缺陷评定方法》；
- 1976 年日本焊接学会公布了《按脆性评定的焊接缺陷验收标准》；
- 1977 年美国机械工程师学会公布了锅炉压力容器规程第Ⅲ卷附录 G《防止非延性破坏》以及锅炉压力容器规程第Ⅺ卷《核电站部件使用期中检查规程》附录 A《缺陷显示的分析》；
- 1977 年英国中央电力局标准协会焊接验收标准技术委员会发布了《焊接缺陷验收标准若干方法指南》；
- 1980 年美国电力研究院发布了《含缺陷核容器及管道完整性评定方法》；
- 1984 年德国焊接协会发布了《焊接接头缺陷的断裂力学评定》。

上述标准依据缺陷评定的理论基础大致可以分为以下四类：

第一类：以美国 ASME 标准为代表，其评定方法以线弹性断裂理论为基础。

第二类：以英国 BSI PD6493—1980、国际焊接协会标准、英国焊接协会标准、日本的 WES-2805—1976、德国的 DVS-2401—1984 为代表，其评定方法以裂纹张开位移（COD）弹塑性断裂理论为基础，采用 COD 设计曲线开展缺陷评定。

第三类：以英国 R/H/R66-Rev1 的 R6 为代表，其评定方法以失效评定图为基础。但是该版 R6 法采用的失效评定曲线，是由 COD 理论导出的，理论上并不严格，仅为经验关系。

第四类：以美国 EPRI 方法为代表，其评定方法以 J 积分的理论为基础。

可以看出，20 世纪 70 年代末，以 COD 弹塑性理论为基础，采用 COD 设计曲线开展缺陷评定的标准占有主流地位。然而，COD 的定义并不严格，缺乏严格的力学基础；COD 设计曲线仅为一种经验方法，无法真实反映众多因素的影响。因此，到 20 世纪 80 年代中期后，COD 设计曲线方法基本没有太多发展。

在断裂力学中，J 积分的概念具有严格的力学和数学基础。然而，在提出的初期，J 积分的计算比较困难，使用受到限制。20 世纪 80 年代后，由于计算机计算的发展，使得各种含缺陷结构的 J 积分计算成为可能。美国 EPRI 给出了各种 J 积分全塑性解的延性断裂手册，解决了 J 积分的工程计算问题，并借鉴老 R6 的失效评定曲线方法，给出了严格的 J 积分断裂准则的失效评定曲线，从而促进了基于 J 积分的压力容器缺陷评定技术的发展。

1986 年，英国 CEGB 对老 R6 曲线进行了彻底修改，以 J 积分理论为基础提出了曲线评定的三种类型的分析方法，成为 20 世纪 90 年代后国际上主流的压力容器缺陷评定方法。目前世界各国颁布的标准，基本上遵循新 R6 的失效评定图方法，技术路线日趋统一。

11.4.2　国内压力容器安全评定标准发展

1984 年，中国机械工程学会压力容器分会和中国化工学会机械与自动化分会制定了《压力容器缺陷评定规范》（CVDA—1984），其评定方法采用基于裂纹张开位移 COD 的弹塑性断裂准则。2004 年，在充分吸收国外压力容器缺陷安全评定最新研究成果基础上，结合我国国情和 CVDA—1984 的使用经验，我国颁布了最新的含缺陷压力容器的安全评定标准 GB/T 19624—2004《在用含缺陷压力容器安全评定》。该标准适用于含下列类型缺陷的承压元件的安全评定：

◇ 平面缺陷：包括裂纹、未熔合、未焊透、深度不低于 1mm 的咬边等；

◇ 体积缺陷：包括凹坑、气孔、夹渣、深度小于 1mm 的咬边等。

该标准不适用于下面压力容器和结构的安全评定：

◇ 核能装置中承受核辐射的压力容器和结构；

◇ 机器上非独立的承压部件（如压缩机、发电机、泵、柴油机的承压壳或气缸等）；

◇ 承受直接火的受压元件；

◇ 电力行业专用的封闭式电器设备的电容压力容器（封闭电器）；

◇ 潜在失效模式为蠕变的压力容器和结构。

GB/T 19624—2004 标准依据评定对象的缺陷类型和评定准则的不同，将评定方法分为四种类型：

① 平面缺陷的简化评定（简称简化评定）；

② 平面缺陷的常规评定（简称常规评定）；

③ 凹坑缺陷的评定（简称凹坑评定）；

④ 气孔和夹渣缺陷的评定（简称气孔夹渣评定）。

本文简要介绍平面缺陷的简化评定及常规评定，以及凹坑、气孔和夹杂缺陷的安全评定。

11.5 基于 GB 19624 的压力容器安全评定方法简介

实际在对含缺陷压力容器开展安全评定时的过程较为复杂烦琐。本节仅基于 GB 19624 标准，简要介绍安全评定的相关知识。若要真正开展工作时，需要严格依据 GB 19624 的标准规定进行。

11.5.1 缺陷的表征

在开展含缺陷压力容器的安全评定时，首先应检测缺陷的几何形状。然而，大多数的缺陷形状不规则，为后续的评定工作带来困难。因此，缺陷的规则化表征是开展安全评定的首要工作。本书仅介绍平面缺陷的表征方法，其他缺陷的表征方法参见 GB 19624—2004《在用含缺陷压力容器安全评定》。

平面缺陷可以表征为规则的裂纹状表面缺陷、埋藏缺陷或穿透缺陷。表征后的裂纹形状为椭圆形、圆形、半椭圆形或者矩形，如图 11-9 所示。表征裂纹尺寸应根据具体缺陷情况

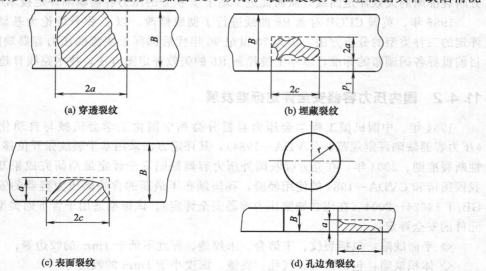

(a) 穿透裂纹　　　　(b) 埋藏裂纹
(c) 表面裂纹　　　　(d) 孔边角裂纹

图 11-9 平面缺陷的表征图例

由缺陷外接矩形之高和长确定。对穿透裂纹，长为 $2a$；对埋藏裂纹，高为 $2a$、长为 $2c$；对表面裂纹，高为 a、长为 $2c$；对孔边角裂纹，高为 a、长为 c。缺陷外接矩形的长边应与临近的壳体表面平行。

11.5.1.1　表面缺陷的规则化和表征裂纹尺寸

若缺陷沿壳体表面方向的实测最大长度为 l，沿板厚方向的实测最大深度为 h，则不同尺度的表面缺陷的规则化表征方式见图 11-10。

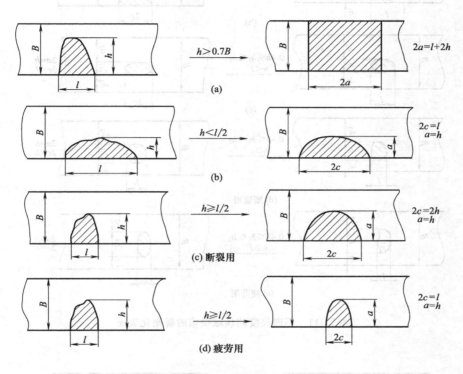

图 11-10　不同尺度的表面缺陷的规则化表征

11.5.1.2　埋藏缺陷的规则化和表征裂纹尺寸

若缺陷沿壳体表面方向的实测最大长度为 l，沿板厚方向的实测最大自身高度为 h，缺陷到壳体内外表面的最短距离分别为 h_1 和 h_2，且 $h_1 \leqslant h_2$，则不同尺度的埋藏缺陷的规则化表征方式见图 11-11。

11.5.1.3　穿透缺陷的规则化和表征裂纹尺寸

若穿透裂纹沿壳体表面方向的实测最大长度为 l，则规则化为 $2a=l$ 的穿透裂纹，如图 11-12 所示。

11.5.2　平面缺陷评定所需的应力的确定

在评定过程中，要考虑下列载荷及其产生的应力：介质的压力及其产生的应力；介质和

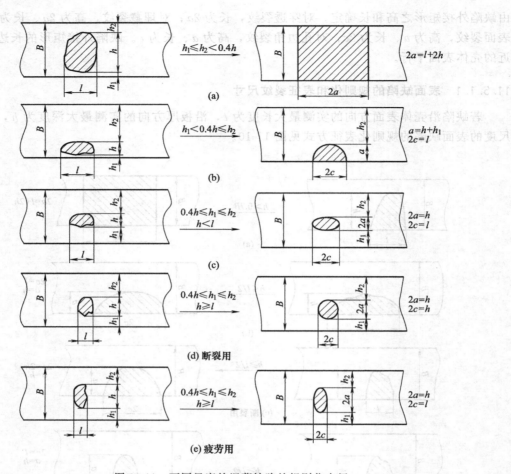

图 11-11 不同尺度的埋藏缺陷的规则化表征

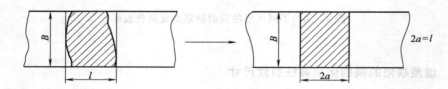

图 11-12 穿透缺陷的规则化表征

结构的重力载荷及其产生的应力；外加机械载荷及其产生的应力；振动、风载等载荷及其产生的应力；焊接引起的焊接残余应力；错边、角变形、壁厚局部减薄、不等厚度等结构几何不连续在载荷作用时所产生的应力；温度差、热胀冷缩不协调等所产生的热温差应力或热应力；其他应该考虑的载荷或应力。

考虑上述载荷产生的应力时，应根据应力的作用区域和性质，进一步将其划分为一次应力 P、二次应力 Q。一次应力是为平衡压力与其他机械载荷所必需的法向应力或剪应力。二次应力是为满足外部约束条件或结构自身变形连续要求所需的法向应力或剪应力。

11.5.3 平面缺陷的简化评定

平面缺陷的简化评定步骤如下：

① 缺陷表征和等效裂纹尺寸$\bar{a}$的确定；

② 应力的确定；

③ 材料性能数据的确定；

④ δ及$\sqrt{\delta_r}$的计算；

⑤ S_r的计算；

⑥ 安全性评价。

评定程序框图见图 11-13。

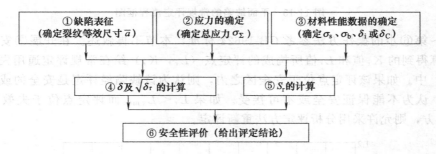

图 11-13 平面缺陷的简化评定程序框图

第①～第⑤步的操作方法参考 GB 19624 标准，本节不再叙述。在开展第⑥步安全性评价过程中，将计算得到的评定点（S_r，$\sqrt{\delta_r}$）绘制在图 11-14 中，若该点落在安全区内，评定结果为安全或者可以接受；否则为不能保证安全或不可接受。

11.5.4 平面缺陷的常规评定

平面缺陷的常规评定步骤如下：

① 缺陷表征；

② 应力的确定；

③ 材料性能数据的确定；

④ 应力强度因子K_I^P和K_I^S的计算；

⑤ K_r的计算；

⑥ L_r的计算；

⑦ 安全性评价。

评定程序框图见图 11-15。

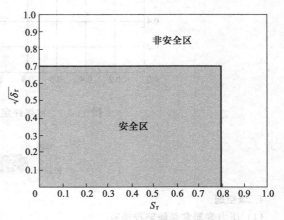

图 11-14 简化评定图

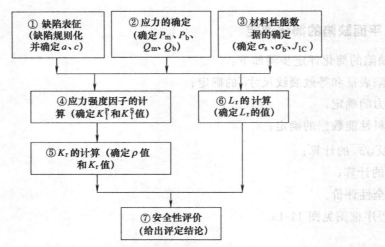

图 11-15　平面缺陷的常规评定流程框图

第①～第⑥步的操作方法参考 GB 19624 标准，本节不再叙述。在开展⑦安全性评价时，将计算得到的 K_r 值和 L_r 值所构成的评定点（L_r，K_r）绘在常规评定通用失效评定图（图 11-16）中。如果该评定点位于安全区之内，则认为该缺陷经评定是安全的或可以接受的；否则，认为不能保证安全或不可接受。如果 $L_r < L_{r\,max}$ 而评定点位于失效评定曲线（FAC）上方，则允许采用分析评定方法重新评定。

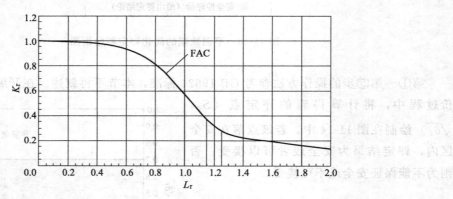

图 11-16　常规评定通用失效评定图

1. 填空题

（1）压力容器常见缺陷种类有＿＿＿＿＿＿、＿＿＿＿＿＿、＿＿＿＿＿＿。

（2）对含缺陷的压力容器，工程界提出了基于＿＿＿＿＿＿原则的压力容器安全评定方法。

（3）根据所研究的裂纹尖端附近塑性区的大小，断裂力学通常分为＿＿＿＿＿＿和＿＿＿＿＿＿。

（4）在断裂力学中，根据裂纹受力情况，将裂纹分为＿＿＿＿＿＿、＿＿＿＿＿＿、＿＿＿＿＿＿三种。

（5）K 判据可以描述为：＿＿＿＿＿＿＿＿＿＿。

（6）J 判据可以描述为：＿＿＿＿＿＿＿＿＿＿。

（7）断裂力学参量有＿＿＿＿＿＿、＿＿＿＿＿＿、＿＿＿＿＿＿。

（8）通常，检测到的不规则裂纹，可以根据其形状表征为_____、_____、_____。

（9）压力容器平面缺陷的常规评定一般通过计算_____以及_____两个参数，并将其标示于_____图中。

（10）反映材料抗断裂能力的性能参数称为材料的_____。

2. 论述题

（1）简述板材缺陷、锻件缺陷和焊接缺陷的缺陷形式。

（2）简述对含缺陷压力容器开展安全评定的意义。

（3）简述平面缺陷的简化评定和常规评定步骤。

12 压力容器失效形式及爆炸灾害

压力容器失效是指压力容器在规定的使用环境和寿命期限内，因结构尺寸、形状和材料性能等发生变化，失去原设计功能或未能达到原设计要求，而不能正常使用的现象。压力容器一旦失效，内部介质及能量的释放容易造成灾害性事故。因此，分析压力容器的失效形式，准确找到失效原因，继而提出预防及控制措施以提高容器的可靠性，是压力容器安全的重要研究内容。本章介绍压力容器常见的失效形式及爆炸灾害。

12.1 压力容器失效形式

常见的压力容器失效形式大致可分为强度失效、刚度失效、失稳失效和泄漏失效四大类。

12.1.1 强度失效

压力容器在外载荷的作用下，因材料屈服或断裂而引起的失效，称为强度失效。强度失效是压力容器最主要的失效形式，事故危害极大。断裂是材料强度失效的主要表现形式。根据引起断裂的原因，可分为韧性断裂、脆性断裂、疲劳断裂、腐蚀断裂、蠕变断裂五种。

12.1.1.1 韧性断裂

压力容器的韧性断裂是在容器承受的载荷超过安全限度后出现塑性变形，继续增大载荷至容器壁面的应力达到材料的抗拉强度后，容器发生的断裂形式。

发生韧性断裂的结构，从其破裂后的变形程度、断口和破裂形貌等，可以看到韧性断裂所具有的一些特征：

（1）破裂部位发生明显变形

微观分析发现，金属材料的韧性断裂是显微空洞形成和长大的过程。对压力容器常用的碳钢和低合金钢，首先在塑性变形严重的地方形成显微空洞，夹杂物是显微空洞成核的位置。在拉伸载荷作用下，大量的塑性变形使脆性夹杂物断裂或使夹杂物与基体界面脱开而形成空洞。空洞一旦形成，即开始长大和聚集。聚集的结果是形成裂纹，并最后导致断裂。所以金属材料特别是塑性较好的碳钢及低合金钢，在发生韧性断裂过程中会产生大量的塑性变形，表现在压力容器上则是简体直径增大和壁厚减薄。故显著的形状改变是压力容器韧性断裂的主要特征，如图 12-1 所示。

(a)

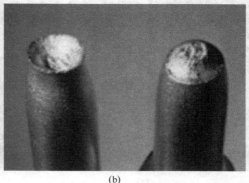
(b)

图 12-1　容器（a）及金属试样（b）的韧性断裂宏观形貌

（2）断口呈现灰色纤维状

韧性断裂的断口呈暗灰色、纤维状，尺度较大时还出现放射形及人字形山脊状花纹，一般可见纤维区和剪唇区。纤维区一般是断裂源区，剪切唇在断口边缘，表面较光滑，并与构件表面约成 45°夹角。

（3）断口微观形貌通常有韧窝

韧窝是材料在微区范围内塑性变形产生的显微空洞，经形核、长大、聚集，最后相互连接而导致断裂后，在断口表面所留下的痕迹，如图 12-2 所示。

（4）容器破裂处一般无碎片或碎片较少。

导致韧性断裂的主要原因可能有：显著的超温超压、容器壁厚不足、焊接区域存在严重缺陷、容器内部发生化学爆炸等。

12.1.1.2　脆性断裂

脆性断裂是指容器壁面在应力远低于材料的强度极限，甚至低于屈服强度条件下发生的破坏形式，又称为低应力脆断。其特征有：

① 断裂过程几乎无明显的塑性变形，无明显外观变化，破坏后筒体器壁

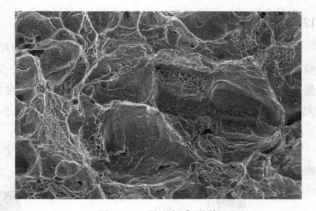

图 12-2　微观韧窝形貌

无明显的生产变形，壁厚一般无减薄，容器纵向脆断时断口与器壁表面垂直，环向脆断时断口与容器的中心线垂直。

② 断口呈金属光泽的结晶状，断口平齐，与主应力方向垂直，如图 12-3 所示。裂纹起始于缺陷或几何突变处。

③ 容器脆断时碎片较多，后果要比韧性破坏严重得多。

④ 容器壁面的薄膜应力远低于材料的强度极限。

⑤ 在低温的情况下容易发生。

脆性断裂与韧性断裂典型特性对比见表 12-1。

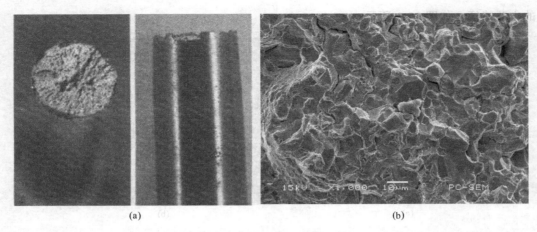

| | (a) | | (b) |

图 12-3　脆性断口宏观（a）及微观显微（b）形貌

表 12-1　脆性断裂与韧性断裂典型特性对比

破裂特征	塑性变形	断口形貌	破坏形式	应力状态
韧性破裂	明显	断口不平齐，暗灰色纤维状	撕裂、碎片少	达到强度极限
脆性破裂	不明显	断口平齐，呈金属光泽的结晶状	裂成碎片、碎片多	低于屈服极限

导致容器发生脆性破坏的原因可能有：低温、材料本身存在裂纹等缺陷、热处理及焊接工艺失控、材料中 S、P 含量过高导致产生应力及晶间腐蚀等。

12.1.1.3　疲劳断裂

压力容器疲劳断裂是指容器在反复交变载荷作用下出现的金属疲劳破坏。疲劳分为高周疲劳和低周疲劳两类。高周疲劳是指应力较低、交变频率较高，一般超过 10^5 次。低周疲劳是指应力较高、交变频率较低（低于 10^5 次）。在腐蚀性环境中，由于介质腐蚀作用，可大大加速疲劳裂纹的扩展速率，形成腐蚀疲劳断裂。疲劳断裂特征有：

① 容器无明显的塑性变形。

② 破裂断口宏观可见裂纹扩展区和瞬断区两个区域，断口平整，呈瓷状或贝壳状，有疲劳弧线、疲劳台阶、疲劳源等，如图 12-4 所示。

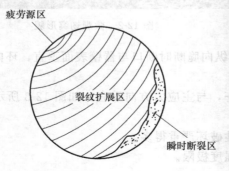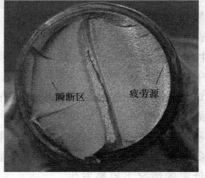

图 12-4　疲劳断口示意图

③ 微观上裂纹一般没有分支且裂纹尖端较钝，有疲劳辉纹。

④ 裂纹形成、扩展较慢，一般出现1个裂口，容器因开裂泄漏失效。

⑤ 裂纹通常出现在局部应力很高的部位。

⑥ 腐蚀疲劳断口表面上常见明显的腐蚀和点蚀坑。

导致疲劳断裂的主要原因可能有：工艺及设备操作存在规律性波动，与转动设备相连的容器，存在的振动、结构应力集中部位承受交变载荷等。

12.1.1.4　腐蚀断裂

腐蚀断裂是指由于容器金属材料受到腐蚀介质的作用而产生泄漏或开裂的破坏形式，是导致压力容器发生破裂的重要因素之一。腐蚀断裂的特性多样，与具体腐蚀工况有关，主要有壁厚减薄、出现腐蚀坑、产生腐蚀裂纹、有腐蚀产物附着等现象。

导致腐蚀断裂的原因有很多，但最本质原因是材料的耐蚀性能不满足使用工况，材料无法抵抗腐蚀性介质的腐蚀作用。

12.1.1.5　蠕变断裂

金属材料在长时间的恒温、恒载荷作用下缓慢地产生塑性变形的现象称为蠕变。在高温下工作的压力容器，在长时间蠕变作用下结构发生断裂的现象称为蠕变断裂。根据蠕变温度高低和应力大小，蠕变断裂可分为两种：

◇ 蠕变延性破裂：当在高应力和低温度下发生蠕变时，材料呈现穿晶型破裂，破裂前发生大量塑性变形，破裂后的伸长率高，形成颈缩状态，断口呈延性形态。

◇ 蠕变脆性破裂：当在低应力及较高温度下蠕变时，材料呈现沿晶型破裂，破裂前塑性变形很小，破裂后的伸长率低，几乎没有颈缩，在晶体内存在大量细小裂纹。

蠕变的特征有：

① 发生在高温工作的容器上，破裂断口有明显氧化色彩。

② 长期高温工作后，材料发生金相组织变化，如晶粒长大、再结晶、碳化物和氮化物以及合金组成的沉淀，钢的石墨化、球化等。

③ 蠕变破裂时的应力低于材料正常操作温度下的强度极限。

④ 蠕变过程伴有应力松弛，可能导致介质泄漏。

蠕变破裂的主要原因是结构因非正常原因处于过热环境中。

12.1.2　刚度失效

容器发生过量弹性变形，导致运输、安装困难或丧失正常工作能力的现象称为容器的刚度失效。刚度失效一般不会引起灾害性后果，但会使容器丧失正常的功能。

12.1.3　失稳失效

在压力作用下，容器突然失去其原有的规则几何形状而引起的失效。外压容器存在失稳失效的可能。

12.1.4　泄漏失效

泄漏失效是容器的各种接口密封面失效或容器壁面出现穿透性裂纹发生泄漏而引起的失

效。泄漏失效是压力容器及管道最常见的失效形式。容器发生少量泄漏时，较易被发现，故一般情况下危害不大。但若介质为易燃、易爆及有毒介质时，泄漏容易引发燃烧、爆炸和中毒事故，并可能造成严重的环境污染。因此，对易燃、易爆及有毒危害化学品的泄漏预防十分重要。

压力容器泄漏的可能原因有很多，例如受压部件因异常原因产生裂纹、胀接管口松动、器壁局部腐蚀减薄导致穿孔、密封面变形过大导致泄漏等，必须依据具体工况具体分析。压力容器最为常见的泄漏部位是螺纹、法兰等零部件的密封接头处，尤其是法兰密封面。

12.2 压力容器爆炸灾害

无论压力容器发生何种失效形式，均可能导致容器发生爆炸事故。爆炸是一种极其迅速的物理或化学能量的释放过程。压力容器爆炸可分为物理爆炸和化学爆炸。压力容器发生物理爆炸时，其灾害由压力容器破裂飞溅引起。压力容器发生化学爆炸时，其灾害可分为两部分：一是压力容器破裂飞溅引起的灾害；二是内部介质喷出后产生化学爆炸引发的灾害。

压力容器物理爆炸释放的能量不仅与介质压力和容器的体积有关，而且与介质在容器内的物性参数和相态特征有关。不同的物性参数和相态特征的介质爆炸产生的能量不同，爆炸过程也不完全相同，爆炸能量计算方法也不同。

12.2.1 承装压缩气体或水蒸气的压力容器的爆炸能量

如果压力容器内的介质为压缩气体或水蒸气，当容器发生物理破裂时，介质由容器破裂前压力 p 降至大气压，发生膨胀过程，释放的爆炸能量 E(kJ) 为：

$$E=\frac{pV}{k-1}\left[1-\left(\frac{0.1013}{p}\right)^{\frac{k-1}{k}}\right]\times10^3 \tag{12-1}$$

式中　p——容器破裂前的绝对压力，MPa；
　　　V——容器的体积，m³；
　　　k——气体的绝热指数。

12.2.2 承装液体的压力容器的爆炸能量

当介质全部为液体时，通常用液体加压时所做的功作为常温液体压力容器爆炸时释放的能量 E(kJ)：

$$E=\frac{(p-1)^2V\beta_T}{2} \tag{12-2}$$

式中，β_T 为液体在压力 p 和破裂温度 T 下的压缩系数，Pa⁻¹。在常温和 10MPa 以内的水，$\beta_T=4.52\times10^{-4}\text{MPa}^{-1}$；在常温和 50MPa 以内的水，$\beta_T=4.40\times10^{-4}\text{MPa}^{-1}$。
其他参数同式（12-1）。

12.2.3 承装液化气体与高温饱和水的容器的爆炸能量

液化气体和高温饱和水一般在容器内以气液两相存在，当容器破裂发生爆炸时，除了气体的急剧膨胀做功外，还有过热液体激烈的蒸发过程。前者可按式（12-1）计算，后者可按式（12-2）计算。在大多数情况下，这类容器内的饱和液体占有容器介质质量的绝大部分，其爆炸能量比饱和气体大得多，计算时可忽略气体膨胀做的功，只考虑过热状态下液体在容器破裂时膨胀至常压状态释放出的爆炸能量，即爆炸能量 $E(kJ)$ 为：

$$E = [(H_1 - H_2) - (S_1 - S_2)T_1]W \tag{12-3}$$

式中　H_1——爆炸前饱和液体的焓，kJ/kg；

$\qquad H_2$——在大气压下饱和液体的焓，kJ/kg；

$\qquad S_1$——爆炸前饱和液体的熵，kJ/(kg·℃)；

$\qquad S_2$——在大气压下饱和液体的熵，kJ/(kg·℃)；

$\qquad T_1$——介质在大气压力下的沸点，℃；

$\qquad W$——饱和液体的质量，kg。

处于饱和压力下饱和水锅炉的爆炸能量 E 按式（12-4）计算：

$$E = C_w V \tag{12-4}$$

式中　V——饱和水的体积，m³；

$\qquad C_w$——饱和水的爆炸能量系数，kJ/m³，其值与压力有关，常用压力下的 C_w 数值见表 12-2。

表 12-2　常用压力下饱和水的爆破能量系数 C_w

表压力/MPa	0.5	0.5	0.8	1.3	2.5	3.0
C_w/(kJ/m³)	2.38×10^4	3.25×10^4	4.56×10^4	6.35×10^4	9.56×10^4	1.06×10^5

12.2.4　爆炸威力计算

计算得到爆炸能量 E 后，即可按式（12-5）转化为 TNT 当量，并应用 TNT 当量计算不同位置的爆炸威力。

$$W_{TNT} = \frac{E}{Q_{TNT}} \approx \frac{E}{4500} \tag{12-5}$$

12.3　压力容器事故案例

12.3.1　某公司煤气储罐爆炸事故

（1）事故概况

1998 年 3 月 5 日 18 时 40 分许，某公司液化石油气管理所煤气储罐发生泄漏引发爆炸，10 余分钟后发生第二次爆炸，19 时 12 分和 20 时 01 分许又先后发生两次猛烈爆炸。爆炸形成的"蘑菇云"高达 150～200m，持续 10 余秒。事故共造成 12 人死亡，35 人受伤，直接经济损失 480 万元。

（2）事故经过

3 月 5 日 15 时许，该公司某员工突然发现装储液化气的 11 号 400m³ 球罐底部泄漏，液化气从球阀口喷出并迅速汽化，立即到值班室报警。工作人员先后用棉被包堵球阀，并用消防水朝被子上喷水。但由于喷出的液化气吸热导致温度降低，使水很快结冰。喷出的液化气沉在地面形成约一尺高的悬雾层。16 时 51 分工作人员打"119"报警求助。6min 后，消防人员赶到现场。18 时 40 分许，在抢救过程中储罐突然爆炸起火。大约过了 10min，发生第二次爆炸。19 时 12 分，20 时 01 分，分别发生第三、第四次爆炸，形成巨大的"蘑菇云"

火柱。大火持续烧，至 3 月 7 日 19 时 05 分才完全熄灭。

（3）事故原因分析

经过调查组的调查分析，确认事故储罐泄漏原因为：排污阀上法兰密封垫片由于长期运行导致受力不均匀，使得与法兰密封面不能完全贴合，局部丧失密封功能引发泄漏失效，从而引起液化石油气泄漏。

（4）事故教训

这起事故有两个重要教训值得吸取。教训之一是未能及时发现排污阀存在的问题，没有及时更换垫片。没有及时更换的原因有几种可能：一是法兰垫片质量不合格，未达到使用年限即存在问题并未被发现；另一种可能是管理混乱，达到使用年限而未更换。但无论是哪一种，事故发生前应该有征兆。教训之二是液化气泄漏之后的堵漏方式。发现泄漏后，厂方没有针对高压泄漏时堵漏的应急措施，也没有救援预案，因此造成重大人员伤亡。

12.3.2　某公司液化气球罐爆炸事故

（1）事故概况

1979 年 12 月 18 日 14 点 7 分，某煤气公司液化气站的 102 号 400m³ 液化石油气球罐发生破裂，大量液化石油气喷出，顺风扩散，遇明火发生燃烧，引起球罐爆炸。大火烧了 19h，致使 5 个 400m³ 的球罐，4 个 450m³ 卧罐和 8000 多只液化石油气钢瓶（其中空瓶 3000 多只）爆炸或烧毁，罐区相邻的厂房、建筑物、机动车辆及设备等被烧毁或受到不同程度的损坏，相邻 400m 的苗圃、住宅建筑及拖拉机、车辆也受到损坏，直接经济损失约 627 万元，死亡 36 人，重伤 50 人。

该球罐自投用后两年零两个月使用期间，经常处于较低容量，只有三次达到额定容量，第三次封装后 4 天，即发生破裂。球罐投用后，一直没有进行过检查，破裂前，安全阀正常，排污阀正常关闭。球罐的主体材质为 15MnVR，内径 9200mm，壁厚 25mm。

（2）事故原因分析

经宏观及无损检验发现，事故球罐上、下环焊缝焊接质量很差，焊缝表面及内部存在很多咬边、错边、裂纹、未熔合、夹渣及气孔等缺陷。事故发生前在上下环焊缝内壁焊趾的一些部位已存在纵向裂纹，这些裂纹与焊接缺陷（如咬边）有关。球罐投入使用后，从未进行检验。制造、安装中的先天性缺陷未被及时发现并消除。根据断口特征和断裂力学的估算，该球罐的破裂是属于低应力的脆性断裂，主断裂源在上环焊缝的内壁焊趾上，长约 65mm。

12.3.3　某厂反应釜爆炸事故

（1）事故概况

1992 年 6 月 27 日 15 时 20 分，某厂一车间内两台正在运行的水解釜突然发生爆炸，设备完全炸毁，该车间厂房及相邻厂房部分坍塌，玻璃全部被震碎，钢窗大部分损坏，个别墙体被飞出物击穿，车间因爆炸局部着火。现场当即死亡 5 人，另有 1 人在送往医院途中死亡，1 人在医院抢救中死亡；厂外距离爆炸点西 183m 处，1 老人被爆炸后飞出的 40kg 的水解釜残片拦腰击中身亡。这次事故共死亡 8 人，重伤 4 人，轻伤 13 人，直接经济损失 36 万余元。

爆炸的两台水解釜，筒体直径 1800mm，材质为 20g，筒体壁厚 14mm，封头壁厚 16mm，体积为 15.3m³。工作压力为 0.78MPa，工作温度为 175℃，工作介质为蓖麻油、氧化锌、蒸汽、水及水解反应后生成的甘油和蓖麻油酸。釜顶装有安全阀和压力表，设备类别为Ⅰ类压力容器，1989年3月投入使用。在使用过程中，于1991年7月5日，进行过一次使用登记前的外部检查。1992年6月23日，爆炸的1号釜曾发生泄漏事故。次日，车间在既没有报告工厂有关部门，又没有分析泄漏原因的情况下，对1号釜泄漏部分进行了补焊。补焊后第四天（即6月27日）即发生了爆炸事故。每台釜实际累计运行时间约为19个月。

（2）事故原因分析

这起爆炸事故的原因，是由于水解釜内介质在加压和较高温度下，对釜壁的腐蚀以及介质对釜内壁的冲刷和磨损造成釜体壁厚迅速减薄，使水解釜不能承受操作压力，从而发生了物理性爆炸。

① 设计时依据的数据不够准确。在设计该两台水解釜时，设计单位对介质造成水解釜的内壁腐蚀和磨损考虑不够，只是根据工厂人员提供的介质无腐蚀性选取了设计参数。实际上工厂本身不了解介质对设备内壁具有较强的腐蚀性和磨损作用。

② 检验时没有测量实际壁厚。检验人员对该两台设备进行外部检查时，没有测量设备的壁厚，取得相应的数据，只是根据介质对设备内壁基本无腐蚀的介绍，认为壁厚没有减薄，而在报告上填写了设备原始资料中记载的壁厚数据。

③ 对已产生的事故苗头没有引起足够重视。爆炸设备中有一台在爆炸前4天曾发生泄漏，但生产车间没有引起重视，未向工厂有关部门报告，在泄漏原因未查明之前，即自主决定进行补焊后继续使用。

（3）防止同类事故的措施

① 压力容器设计单位选取的设计参数要正确、可靠，设计人员对所承担的设计产品的使用性能应了解，以保证设计结果符合实际使用状况。

② 检验人员应按国家的有关规定认真履行检验职责，保证检验质量，检验报告的填写应完整、正确。

③ 使用单位应对有关操作人员做好培训教育，使其能正确操作。当设备发生异常现象时，要认真分析原因，在原因查找正确的前提下，采取有效的防范措施，及时消除事故隐患。

习 题

1. 填空题

（1）压力容器常见失效形式有_____、_____、_____、_____。

（2）压力容器在外载荷作用下，因材料屈服或断裂而引起的失效，称为_____。

（3）_____是材料强度失效的最主要表现形式，主要包括_____、_____、_____、_____、_____五种。

（4）断口呈暗灰色、纤维状，可见纤维区和剪切唇，该断口极可能是_____。

（5）断口呈金属光泽的结晶状，断口平齐，该断口极可能是_____。

（6）断口平整，呈瓷状或贝壳状，有疲劳弧线、疲劳台阶、疲劳源等，该断口极可能是_____。

（7）长期在高温下工作的压力容器，可能发生_____断裂。

2. 论述题

（1）简述压力容器失效概念。

（2）简述塑性断口和脆性断口的区别。

（3）查阅相关资料，了解一项压力容器事故，理解事故原因及事故教训。

参 考 文 献

[1] 喻健良. 化工设备机械基础. 大连：大连理工大学出版社，2009.
[2] 喻健良，王立业，刁玉玮. 化工设备机械基础. 第 7 版. 大连：大连理工大学出版社，2013.
[3] GB 150—2011. 压力容器.
[4] TSG 21—2016. 固定式压力容器安全技术监察规程.
[5] 李志义，喻健良，刘志军. 过程机械（上册）. 过程容器及设备. 北京：化学工业出版社，2008.
[6] 李志义，喻健良. 爆破片技术及应用. 北京：化学工业出版社，2006.
[7] 陈长宏，吴恭平. 压力容器安全与管理. 第 2 版. 北京：化学工业出版社，2016.
[8] 张礼敬，张明广. 压力容器安全. 北京：机械工业出版社，2012.
[9] 朱大滨，安源胜，乔建江. 压力容器安全基础. 上海：华东理工大学出版社，2014.
[10] 江楠，冯毅. 锅炉压力容器安全技术及应用. 北京：中国石化出版社，2013.
[11] 刘清方，吴孟娴. 锅炉压力容器安全. 北京：首都经济贸易大学出版社，2000.
[12] GB/T 19624—2004. 在用含缺陷压力容器安全评定.